KB161961

cheese

Vol. 01

사랑하는 경호, 예지, 인 그리고 나의 별 소희에게.

치즈가 좋아서 떠난
영국 치즈 여행기

글 · 사진 이민희

cheese

치즈

크록

Contents

PART 1

이야기를 시작하기 전에

그간의 치즈와
영국 치즈

나에게 처음 치즈가 눈에 들어온 때는 스물여섯이
되던 해에 배낭여행으로 갔던 파리의 뒷골목 시장
에서였다. 해가 어둑어둑 지기 시작한 스산한 겨울
저녁, 에펠탑을 지나 콩코드 광장 근처로 하염없이
걸었다. 어느 방향인지도 모르고 헤매다 지나친 골
목길 안쪽으로 동그란 전구가 줄지어 매달려 빛을
밝히고 있었다. 반짝이는 불빛을 찾아 들어간 그곳
은 영화에서나 봤던 파리의 재래시장이었다. 그림
처럼 펼쳐진 시장 골목 초입에 난생처음 발견한 치
즈 가게가 있었다. 왜 그런 생각이 들었는지 모르겠
지만, 다양한 크기와 모양으로 펼쳐진 치즈들에서
과거부터 현재까지의 살아 있는 역사를 만난 느낌

이었다. 그렇게 발견한 치즈 가게를 마음에 품고 그 후 몇 년간의 회사 생활 내내 '다시 파리'를 소망하다가 마침내 그간의 월급을 다 털어 다시 파리를 찾아갔다.

치즈 이름을 읽으려면 불어를 배워야 했기에 어학원을 다녔고, 수업이 끝난 오후엔 매일같이 파리 곳곳의 치즈 가게를 찾아다니는 치즈 낭인의 생활을 했다. 그렇게 치즈 자료를 모은 뒤 자동차를 빌려 스위스와 프랑스 전역에 치즈 원산지를 찾아다니는 여행을 했다. 그리고 두 해가 지난 뒤, 치즈라면 빼놓을 수 없는 이탈리아를 못 가 본 것이 내내 마음에 남아 그마저 얼마 남지도 않은 통장을 털어 다시 이탈리아 여행을 시작했다. 전통 음식과 치즈가 어떻게 접목되는지 알고 싶었기에 남쪽 끝 시칠리아^{Sicilia}부터 북쪽 파르마^{Parma}까지 자동차로 캠핑을 하며 지역별 전통 파스타와 치즈를 함께 보러 다녔다.

두 번의 여행 동안 3만km를 헤매고 다닌 후 이 정도라면 원 없이 치즈 여행을 했다고 생각했다. 비바람을 헤치며 텐트에서 잠을 자고 낯선 농장 문을 두드리는 고난은 젊은 날의 값진 경험이었다. 여행을 다녀와 원고 쓰는 일을 두 번 반복하니 4년이나 흘렀고 두 번째 책이 나온 뒤 이 정도 썼으면 됐다고 생각해 더 이상 치즈를 찾아다니며 글 쓰는 일에서 손을 떼기로 했다.

그러고 나서 다섯 해가 지났고 그사이 하필 이전에 미처 챙기지 못한 치즈들을 발견해 버렸다. 다시는 치즈 여행에 모든 것을 쏟아붓지 않겠다고 했건만 통장이 채워지자 어김없이 유럽 저 시골 어딘가에 있을 또 다른 치즈들에 궁금증이 쌓였다. 생각해 보니, 나는 아직 그 유명하다는 스페인의 만체고Manchego 치즈도 못 봤고, 치즈 하면 제일 먼저 접하는 체더Cheddar 치즈의 원산지인 영국 땅에도 못 가 본 터였다.

'치즈에서 손을 놓더라도 제대로 보고 놓자. 누구나 알고 있고, 세상에서 가장 유명한 치즈까지는 봐 둬야 진짜 치즈를 본 사람으로 남을 수 있지.' 치즈를 마음에 담은 지 10년이 넘었고, 세 번째 짐을 싸는 나는 이미 30대 후반에 들어서 있었다.

이번이 정말 마지막이라고 생각했다. 그러니, 치즈에 대해 궁금했던 것들을 다 찾아서 보는 것이 목표였다. 호기롭게 다시 시작한 치즈 여행의 첫 지역은 스페인이었다. 어렵사리 만체고 치즈 농가를 찾아냈지만 언어 장벽으로 관찰자로 지켜보는 것 외에 더 깊은 정보를 알아내기는 어려웠다. 무언가 대책이 필요했고 뜨거운 7월, 영국으로 향했다.

영국은 그저 잠시 스페인 일정의 숨을 돌리려 들른 것뿐이었다. 하지만 런던에 도착해 보니 영국에도 프랑스와 이탈리아만큼 많은 치즈가 있었다. 그들의 전통 깊은 치즈들이 유명해지지 못한 건 고립되기 쉬운 섬나라의 특성상 제1차, 제2차 세계 대전 중 물자를 아끼기 위해 많은 농업 분야에 일반화를 시켜 버린 아픈 역사 때문이었다. 그리고 영국 치즈 중 가장 유명한 체더는 가공한 슬라이스 치즈로 이름이 더 알려져 이제는 그 치즈가 영국의 전통 치즈인지 미국의 햄버거 치즈인지 구분하지 못하는 사람들이 더 많다.

그간 여행했던 나라들과 달리 의사소통이 수월했던 영국은 상상 이상의 새로운 세계였다. 7월의 불볕더위에 도착해 11월 초의 초겨울까지 지내며, 하나의 치즈를 길게는 3주까지 지켜보는 서두르지 않는 탐미의 시간을 보냈다.

농장에서 일하는 모든 사람과 대화를 할 수 있어 치즈 제조 과정을 보면서 작은 궁금증도 순간순간 물어볼 수 있었고, 질문을 끝도 없이 해도 사람들은 화수분처럼 답을 해 주었다. 내 주변에 있는 누구든 모두 치즈 선생님이었다. 치즈에 발을 디딘 이래 나는 이렇게 하루에도 수십 번씩 치즈를 자유롭게 이야기해 본 적이 없었다. 이제 치즈를 보는 눈이 조금 생긴 나에게 영국은 알고 싶은 건 다 가져가라는 듯 그들이 가진 것을 서슴없이 내주었다. 유명한 음식도 없고 유명한 치즈도 없다고 알려진 영국에서 수백 년 전부터 내려오는 전통의 치즈들을 찾아다녔다. 세계 대전 중에도 전통 치즈를 놓지 않은 농가들은 그저 가족이 이어 온 농장을 받은 것이 전부라는 겸손의 말뿐이었다. 그곳에서 느리고 깊게 만난 나의 영국 치즈를 이제 천천히 설명하려 한다.

치즈를
이야기하기에 앞서

치즈는 태어난 곳의 자연환경을 그대로 나타내는 음식이다. 기온이 낮고 더움에 따라, 산이 높고 낮음에 따라, 풀이 많고 적음에 따라, 목축하는 동물이 무엇이냐에 따라 만들어지는 모양과 숙성 기간이 달라진다. 해안가의 온화한 기후에서는 목축할 수 있는 기간이 산악 지형보다 긴 장점이 있지만, 치즈를 보관할 수 있는 기간이 짧다. 그 때문에 작고 말랑한 치즈를 만들어 짧은 시간에 소비와 생산을 반복한다. 반면 추운 산악 지역에서는 우유를 오래 보관하여 식량으로 써야 하기에 오래 숙성하는 단단한 치즈들을 만든다. 여기에 더해 같은 산악 지형이라도 알프스에서는 풀이 풍성하고 경사가 완만해 젖소를 키울 수 있고, 피레네산맥에서는 풀이 짧고 돌이 많아 염소나 양을 키운다. 화려한 음식 문화를 자랑하는 이탈리아에서 치즈는 빠질 수 없는 식자재이고, 추위를 이겨야 하는 스위스에서는 중요한 겨울철 저장 식품이다. 끝도 없는 치즈 이야기를 이렇게 간단하게 쓰는 것에 많은 무리가 있지만, 치즈를 시작하는 데 작은 보탬이 되었으면 좋겠다.

프랑스의 치즈

북부는 바다와 접한 노르망디의 온화한 기후, 중동부는 알프스산맥과 맞닿은 서늘한 기후 그리고 남부는 피레네산맥의 거친 지형으로 이처럼 각 지형과 기후 조건 차이가 뚜렷해 지역별 치즈 특성이 확연하게 나뉜다. 치즈의 종류가 끝도 없을 정도로 많아 부드럽고 말랑한 흰색 외피 치즈부터 돌처럼 단단한 치즈까지 북부에서 남부로 펼쳐진다. 지형에 맞게 젖소에서 양, 염소까지 다양한 원유를 사용하다 보니 수많은 치즈가 나올 수밖에 없는 감탄스러운 치즈의 나라다.

① 북부와 파리 근교
내가 만난 북부의 치즈는 카망베르^{Camembert}와 뇌프샤텔^{Neufchâtel} 그리고 파리의 브리^{Brie}였다. 이 세 치즈는 모두 하얀 곰팡이에 덮인 연성 치즈로 상온에 두면 치즈의 단면이 녹아내리듯 축 늘어져 마치 연유처럼 보인다. 표면의 하얀 외피는 벨벳처럼 부드러운 솜털에 싸여 있는 모습인데, 얇지만 두께가 있어 치즈를 자를 때 똑똑

뇌프샤텔

Brie de Melun

Fromage au lait de vache

Appellation d'Origine Contrôlée

끊기는 느낌이 든다. 숙성 기간이 한 달 내외로 짧은데, 그 이상 오래 숙성하면 표면이 갈색으로 변하고 암모니아 향이 고약할 만큼 강해지며 치즈 속의 색도 아이보리에서 노란빛으로 바뀐다. 치즈 상인들은 고객이 요청하면 오래 숙성된 하얀 곰팡이 치즈를 일부러 판매하기도 한다. 원유로는 우유를 사용한다.

② 중서부
스위스와 인접한 중동부에서 만난 치즈는 콩테Comté였다. 추운 알프스 지역에서는 긴 겨울 동안의 저장 식품으로 치즈를 만드는데, 집집이 우유를 모아서 큰 치즈를 만들어 나누던 것이 유래가 되었다고 한다. 지금도 콩테 치즈는 조합으로 운영하며 만들기도 한다. 추운 지역인 만큼 치즈를 열로 녹여 빵에 찍어 먹는 요리인 퐁듀fondue를 즐기는데, 콩테는 퐁듀에 주로 사용되는 치즈다. 6개월 이상 숙성해 단단하고, 동글납작한 모양이 마차 바퀴와 같다고 휠wheel 치즈라고도 부른다. 원유는 북부와 동일하게 우유를 사용한다.

③ 남부
피레네산맥을 따라 스페인과 접해 있는 남부는 돌산이 많고 풀이 짧게 자라는 지형으로 거친 지역을 잘 오르내리는 염소나 양을 키워 치즈를 만든다. 내가 만난 치즈는 톰므 드 셰브르Tomme de Chèvre, 염소 치즈, 브르비Brebis, 양 치즈로 숙성 기간이 6개월 정도인 단단한 치즈다. 양이나 염소에서 착유되는 원유가 젖소유보다 훨씬 적다 보

니 치즈 크기 또한 한 손에 들 정도인 2~5kg 정도다. 농장에 따라서는 7월부터 9월까지 선선한 산 위로 염소와 양을 몰고 올라가 목초를 먹이고 내려오는 목축을 병행하기도 한다.

스위스의 치즈

산으로만 둘러싸인 춥고 작은 나라지만 고지대까지 완만한 경사에 풀이 풍성해 소를 키우기 좋은 환경이다. 한여름에도 산 위에서 눈을 보는 것이 어렵지 않은 추운 기후 때문에 스위스의 치즈는 대부분 5개월 이상 숙성된 단단한 품종이다. 구멍이 숭숭 뚫려 생쥐의 치즈로 유명한 에멘탈Emmental이 대표적인 치즈로 알려졌지만 정작 스위스에서는 그뤼에르Gruyère를 더 흔하게 마주친다. 그뤼에르 치즈는 그 유명한 요리인 퐁듀에 주로 쓰이는데 약한 짠맛에 담백하고 우유 향이 깊어 치즈를 녹여도 진한 풍미가 그대로 느껴지기 때문이다.

치즈를 냄비에 녹여 빵, 채소 등을 찍어 먹는 퐁듀, 치즈 표면에 열을 가해 녹여 긁어내 먹는 라클레트raclette 같은 음식 문화가 발달한 이유도 바로 기후의 영향이다. 기온이 낮은 기간이 길고 소로부터 얻은 젖을 오랫동안 보관할 수 있기에 저장 음식으로 제격인데다 열을 가하면 부드럽게 녹으며 풍미가 좋아지기 때문이다. 추

∧ 그뤼에르
∨ 에멘탈

운 겨울부터 봄까지는 산 아래의 농가에서 소를 키우고 5월에서 6월부터는 샬레châlet, 산 위에 지어 놓은 농가로 소를 끌고 올라가 10월까지 머무는 전통 목축이 아직도 남아 있다.

이탈리아의 치즈

북쪽으로는 스위스와 접해 있고 남쪽으로는 지중해와 접해 있어 겨울과 여름을 동시에 가진 나라다. 이 때문에 북쪽의 치즈와 남쪽의 치즈가 확연하게 다른 모습이다. 추운 기후인 북쪽 파르마에서 가장 유명한 치즈는 파르미자노-레지아노Parmigiano-Reggiano로 숙성 기간이 3년인 단단한 치즈다.익히 알고 있는 파마산 치즈다. 오랜 숙성으로 인해 치즈를 자르면 부서지듯 조각조각 깨지는데, 만져 보면 입자가 마치 작은 소금 덩어리 같다. 이 입자를 '크리스털'이라고 부르는데 오랜 숙성으로 수분이 빠져나가는 과정에서 생긴다. 오도독 부서지는 식감과 동시에 깊은 치즈 향이 퍼지는 이 크리스털은 파르미자노가 테이스팅에서 높이 평가되는 이유다.

반면, 중남부에는 숙성하지 않은 생치즈인 모차렐라Mozzarella가 있다. 치즈를 만들 때 뜨거운 물에 커드curd, 우유에 산을 넣어 두부처럼 말랑하게 응고된 형태를 녹여 손으로 모양을 낸 치즈다. 캄파니아Campania주에서 만들어지며 피자로 유명한 나폴리Napoli가 중심 도시다. 해안 지역인 이곳에서 오래전 이탈리아인들은 물소와 함께 농사를 짓고 젖을 짜내 치즈를 만들었는데 일반 젖소보다 지방 함량이 두 배나 높아 치즈를 만들었을 때 맛이 더 진하다.

여기에서 남부로 더 내려가면 시칠리아 섬이 나온다. 지중해에 둘러싸인 휴양지와 같은 이 섬에서 만들어지는 치즈는 라구사노Ragusano다. 커드에 뜨거운 물을 부어 녹이듯 엉겨 붙게 해서 만든다. 이렇게 커드를 뜨거운 물에 녹여 치즈를 만드는 것이 이탈리아 치즈 제조의 특징인데, 라구사노는 모차렐라와 같은 비숙성의 생치즈가 아닌 8개월 이상 숙성하는 치즈다. 건초로 만든 끈에 치즈를 줄줄이 엮어 공중에 매달아 동굴에 두는, 내가 본 가장 독특한 방법으로 숙성을 하는 치즈다. 직사각형 블록 같은 모양 때문에 '계단'scalone이라고 부르기도 한다.

∧　모차렐라
＜　파르미자노 레지아노
＞　라구사노

PART 2

영국 런던의 치즈

낯선 유럽,
영국

스페인 바르셀로나에서 출발한 비행기는 겨우 두 시간 만에 런던 근교 개트윅Gatwick 공항에 도착했다.

"런던에 얼마나 머물 건가요?"

"48일 예정이에요."

"여행 일정이 길군요. 런던엔 무슨 일로 왔나요?"

"치즈를 보러 왔어요. 치즈를 주제로 글을 쓰려고요."

그러고는 나는 아직 묻지도 않은 수많은 질문들에 대비해 미리 만들어 둔 자료를 꺼냈다. 한 달 반 후 파리로 가는 유로스타 기차표, 그날 밤 머물 런던 시내 숙소 예약 내역, 신용카드 한도 등등. 하지만 단 하나 꺼내지 않은 것, 한국으로 돌아갈 비행기 표였다. 이제 겨우 7월 초인데 나의 한국행 비행기 표는 12월이었다. 5월 말에 출국해 스페인에서 이미 한 달 반을 여행한 터라 12월까지 유럽에 머문다면 얼추 봐도 7개월의 여정이었다.

비유럽연합 국민이 셍겐 조약국●을 무비자로 여행할 수 있는 기간은 90일. 영국은 셍겐 조약에 가입하지 않아 무비자 6개월까지 여행할 수 있지만, 목적이 모호한 상태에서 오랜 기간 머무는 여행객은 불법 체류 등을 우려해 입국이 거부될 가능성도 있다. 심사가 까다롭기로 소문난 영국이라 어처구니없는 이유로 입국을 거절당한 사람들이 종종 있기에 입국 심사용 모범 답안이 수없이 검색될 정도였다. 다행히 내가 만난 입국 심사관은 후덕한 풍채만큼이나 여유로운 사람이었고, 겨우 두 가지 질문에 긴장한 나는 알아서 속사포처럼 여행 일정을 쏟아냈다. 혼을 뺄 만큼 길었던 5분이 그렇게 지나갔다. 그리고 마침내 여권에 입국 허가 도장이 찍혔다.

"입국 후 6개월 안에 떠나시오. Gatwick Airport 04. JUL. 2013."

스페인에서 한 달 넘게 머물며 스페인 발효 식품 자료를 모으고

● 유럽연합(EU) 회원국 간의 자유로운 통행을 규정한 협정. 1985년 6월 14일 룩셈부르크 남동부의 셍겐 마을에서 조약이 체결됐다.

치즈 농가들을 방문하다가 영국으로 넘어온 건 한여름을 보내기 위해서였다. 7월에서 8월 사이는 휴가 기간인 데다 더운 날씨 때문에 치즈를 만드는 일이든 농작물을 다루는 일이든 농장 일이 뜸할 시기다. 그러니까 영국으로 건너온 이유는 여름을 나기 위해서였다. 도시는 아무리 휴가 기간이라도, 아무리 끓어오르는 높은 기온이라도 쉬지 않고 움직일 터이니 가을이 오기 전까지 런던의 치즈 가게들을 찾아보고, 버스나 기차를 타고 작은 도시의 치즈 가게와 공장도 다녀볼 생각이었다. 설령 여름휴가로 그곳들조차 문을 닫았다면 서점을 다니며 영국 치즈 자료라도 모을 참이었다. 뭐든 좋았다. 어차피 스페인 농가들의 황금기인 가을을 기다리며 시간을 보내기 위해 온 것이었으니까.

공항 앞 버스 정류장에서 8파운드에 끊은 런던 중심가행 표를 들고 사람들 틈에 끼어 자리를 잡고 앉자 선선한 바람이 불었다. 확실히 40도를 넘나들던 바르셀로나보다는 낮은 기온이었다. 잘 도착했다는 안도감과 함께 정말 런던인가 싶은 묘한 기분에 주위를 둘러보니 모든 표지판이 영어였다.

　"이 버스표 여기서 기다리는 게 맞나요?"
　"여기서 기다리는 거 맞아요. 버스는 제시간에 올 거예요. 10분
　　남았네요."

영어로 묻고 영어로 대답을 들을 수 있다니! 거기에 툭툭 튀는 듯한 휴그랜트식 억양까지. 버스가 시내를 향해 가는 동안 피곤한 눈을 감지 못하게 만든 거리의 영문 표지판들. 설핏설핏 사람들의 말을 알아들을 수 있는 이 기분은 대체 뭐지 싶었다. 유럽 땅을 밟기 시작해 벌써 네 번째지만 영어를 쓰는 나라에는 간 적이 없었다. 프랑스 시골, 스위스 시골, 이탈리아 시골 그리고 스페인 시골까지. 나는 항상 누구에게나 말을 걸기 전 '혹시 영어를 할 줄 아시나요?'를 물어야 했고, 영어를 할 줄 아는 동네 사람을 찾아야 했고, 영어-프랑스어 사전, 영어-이탈리아어 사전, 영어-스페인어 사전을 끼고 다녀야 겨우 소통할 수 있었다. 그런데 이곳에선 더는 '누구 영어 할 줄 아는 분 있어요?'가 필요 없었다. 마침내 영어를 쓰는 이상향의 유럽 땅에 도착했지만, 이상한 나라에 온 것처럼 기분이 묘했다.

NEAL'S YARD D[

farm[

from the

BRITISH

17

#RapidUFC

BRODIES

Family Law

런던의 오랜 친구
'닐스 야드 데어리'

"이 책에 나온 농장 치즈들이
여기 있다고요?"

유럽에 사는 오랜 지인이 런던에 가면 꼭 들러야 하는 치즈 가게가 있다고 했다. 닐스… 뭐라고 했는데 어릴 적 봤던 〈닐스의 모험〉이라는 만화 때문에 앞 두 글자만 겨우 기억나는 곳이었다. 이 치즈 가게의 본래 이름은 '닐스 야드 데어리'Neal's Yard Dairy로 '야드'라는 단어 때문에 그 만화에서처럼 마당에 거위가 돌아다니는 시골의 치즈 가게가 연상되었다. 마당이 있는 치즈 가게라니. 하지만 그건 런던 중심가에서 그저 기분 좋은 상상일 뿐이었다.

코벤트 가든의 닐스 야드 데어리

닐스 야드 데어리에 가기 위해 내린 코벤트 가든Covent Garden 지하철역 앞은 말할 것도 없이 복잡했다. 최고의 여행 시기답게 겨우 걸을 수 있을 만큼 관광객이 넘쳤고, 한여름의 햇볕은 눈을 뜨기 어려울 정도로 따가웠다. 길 건너편엔 거대한 식료품점 막스앤스펜서Marks&Spencer가 우뚝 서 있었고 사람들은 그곳에서 투명한 플라스틱 상자에 담긴 음식을 사 들고 나와 어디론가 빠르게 흩어졌다. 그 화려한 건물 옆으로 반들반들하게 깔린 보도블록을 따라 닐 스트리트Neal Street라는 좁은 길로 들어섰다. 그러나 입구만 좁았을 뿐 사방으로 연결된 골목들 사이로 유명 브랜드 가게와 작은 광장까지 끝도 없는 쇼핑 거리가 이어졌다. 그리고 그 길이 조금 한가해질 즈음 아주 작고 얌전하게 생긴 치즈 가게가 예고도 없이 나타났다.

코발트블루 간판이 걸린 닐스 야드 데어리는 가게 전면이 투명한 유리창이어서 그 내부를 들여다볼 수 있었지만, 보이는 것이라고는 선반에 쌓여 있는 나무토막처럼 생긴 갈색 치즈들뿐이었다. '데어리'라는 글씨가 쓰여 있는 간판이 없다면 무얼 파는지 도통 알 수 없을 것 같다. 출입문이라도 활짝 열어 두면 좋으련만, 굳건히 닫힌 문은 열기가 망설여질 정도였다.

"안녕하세요."

가게에 발을 들여놓으며 빼꼼 인사를 했다. 두어 명이 서 있기에도 벽찰 만큼 폭이 좁고 긴 공간에 선반과 벽 가득 치즈가 쌓여 있었고 습하고도 차가운 공기가 팔 위로 내려앉았다. 은은한 오렌지 빛깔의 전등, 일일이 손으로 쓴 치즈 메모판, 가게 안쪽 끝까지 가지런히 진열되어 있는 다양한 치즈들……. 한 모퉁이에 있는 샤워기에서 떨어지는 물줄기만이 음악 소리 하나 없는 이 공간의 적막함을 메우고 있었다. 내 앞에 서 있던 30대 여성이 치즈를 사 가고 비로소 내 차례가 되자 점원이 내게 눈인사를 했다.

뭐라고 해야 하지. 뭘 물어봐야 하나……. 특별히 치즈를 사러 온 것도 아닌 데다 도대체 흐름을 알아볼 수 없는 영국 치즈에 적잖이 당황한 나는 건넬 말을 찾지 못했다. 앞 손님이 치즈를 사는 동안 둘러보고 또 둘러봐도 나무토막 같은 치즈의 정체가 파악되지 않았다. 진열되어 있는 작은 치즈들의 이름도 전부 생소했다. 그나마 겨우 알아볼 수 있었던 건 브리 치즈였지만 그건 프랑스 치즈다. 그런데 메모판에는 생산 지역이 프랑스가 아닌 영국 남서부의 서머싯Somerset이라고 쓰여 있었다.

무엇보다 가게 한쪽에서 물줄기를 뿌리고 있는 샤워기에 눈이 갔다. 습도 조절용으로 놓은 듯했지만 이제까지 다녔던 치즈 가게들은 물론 농장에서조차 보지 못한 것이었다. 전에는 한여름에 치즈 여행을 다닌 적이 없어서였을까? 영국보다 적어도 10도는 더 높았던 스페인에서도 저런 형태의 가습기를 본 적이 없었다. 이런저

∧ 똑같이 생긴 체더 치즈들 위에 제조 농장 이름표가 붙어 있다.

런 생각을 하면서 눈동자만 굴리다 눈이 마주친 점원은 내가 무언가 말하기를 기다리고 있었다. 그때 '맞다. 영어가 통하는 곳이지! 영어가 통하는 곳이니 겁낼 것 없어.'라는 생각이 들자 쓸데없는 첫마디가 툭 튀어나와 버렸다.

"음, 저 샤워기에서 떨어지는 물줄기는 뭔가요?"
"가습기예요. 습도 조절용이죠."

'아!' 하는 감탄과 함께 알아들었다는 듯 고개를 크게 끄덕여 보였지만 실은 생각할 시간을 벌기 위해 그랬을 뿐이었다.

"사실 전 치즈에 대한 글을 쓰려고 왔어요. 혹시 런던 근교에 가볼 만한 치즈 만드는 곳이 있을까요?"

순간적으로 나온 것은 너무도 생뚱맞은 질문이었다. 하지만 나와 마주한 그녀는 서슴없이 누군가 가져가지 않은 영수증 뒷면에 어딘가의 주소를 적어 주었다. 가 볼 만한 치즈 제조소가 멀지 않은 곳에 있다는 것이다. 치즈도 사지 않고 계속 질문만 하는 게 미안했지만 도통 감도 오지 않는 치즈를 덥석 살 수는 없었다. 나는 그녀에게 고맙다고 인사하며 다시 오겠노라고 말했다.

가게를 나오자 많은 생각에 머릿속이 복잡해졌다. 보고 있어도 파

악이 되지 않은 치즈 종류들, 찬 기운 가득한 가게 내부. 어떤 것도 내가 으레 예상했던 치즈 가게의 모습과 들어맞지 않았다. 이탈리아 남부부터 프랑스 시골까지 정말이지 많은 치즈 가게를 찾아다녔다. 영국 치즈라고 해서 새로울 것이 있을까 싶었다. 하지만 아니었다. 이곳은 새롭다 못해 내가 아는 것이 하나도 없는 생소한 곳이었다. 그 후 며칠 동안 영국 치즈 자료를 찾으러 런던의 서점과 시장을 돌아다녔다. 그중 하나가 런던에서 가장 오래된 시장 버러 마켓이었다.

버러 마켓의 닐스 야드 데어리

템스강 남쪽에는 런던의 32개 자치구 중 가장 오래된 사우스워크Southwark가 있다. 여기에 1014년에 개장해 1000년이나 된 재래시장 버러 마켓Borough Market이 있다. 1000년 전에는 넓은 공터에 상인들이 모여 시장이 섰겠지만, 지금 버러 마켓은 철제 기둥이며 천장 구조물이 먼저 눈에 띈다. 1850년대에 완공된 이 건물은 1860년대에 장식 예술Art Deco을 추가했고 1932년에 현재의 화려한 입구 장식이 다시 추가되었다.

버러 마켓은 도매 시장과 소매 시장이 함께 운영된다. 도매 시장은 평일 새벽에만 열리며 매일 오전 2시부터 오전 8시까지다. 소매 시장은 7일 내내 운영되나 시간이 조금 다르다. 평일은 오전 10시부터 오후 5시까지. 그리고 토요일에는 오전 8시부터 오후 5시까지이며, 일요일은 오전 10시부터 오후 3시까지 운영된다.

런던에서 음식 재료를 살펴보려면 버러 마켓으로 가라고 한다. 런던 브리지에서 걸어서 5분 거리에 있는 이곳은 런던에서 가장 유명하고 가장 역사가 깊을 뿐 아니라 가장 큰 식료품 시장이기 때문이다. 이 시장이 오랫동안 유지되어 온 것은 템스강 변이 런던 교역의 중심지였고, 1750년까지 템스강을 건너는 유일한 다리가 런던 브리지였기 때문일 것이다.•

강에서는 배가, 도로에서는 말과 마차가 교통수단이던 중세 이전 시대부터 런던 브리지 근처에는 코칭인coaching inn이라고 불리는 말과 마차의 숙소가 많았기에 당연히 떠나는 사람들과 머무는 사람들로 북적였다. 이후 산업 혁명1700년대 때 철로가 놓여 기차가 주된 교통수단으로 바뀌었음에도 말이 쉬어 가는 코칭인만 사라졌을 뿐 식당가나 숙소는 유지되었다. 현재 런던 브리지역은 기차와 지하철의 복합 철도역으로 운영되어 여전히 유동 인구가 많은 곳이다.

• 템스강의 두 번째 다리는 1750년 11월에 완공된 웨스트민스터 브리지다. 1739년부터 11년의 공사 끝에 완공되었고 국회의사당과 빅벤을 볼 수 있는 관광지로 유명하다. 이후 30년간 런던시는 템스강에 4개의 다리를 더 건설했다.

DAIRY (BOROUGH MARKET) 4a

SHOP OPEN

BEENLEIGH BLUE

HARBOURNE BLUE

DEVON BLUE

버러 마켓으로 가기 위해 런던 브리지 지하철역에서 빠져나오니 교각이 도로까지 연결되어 고가 도로 아래처럼 길이 어두웠다. 거기에 더해 인도는 좁고 사람은 많아서 지나는 사람들과 어깨가 부딪칠 정도였다. 사람들에 밀려 건널목 앞에 서자 머리 위에 있던 교각에서 벗어난 대신 뜨거운 햇볕이 내리쬐었다. 영국은 비가 많이 온다더니 도착한 지 며칠이 지나도록 비를 만난 적이 없었다.

런던에서 가장 큰 식료품 시장답게 버러 마켓에는 채소, 과일, 육류 같은 음식 재료를 판매하는 상점이 많았지만, 샌드위치나 구운 소시지, 케이크, 쿠키 등 점심 요기로 먹을 수 있는 음식을 파는 상점도 많았다. 그러다 보니 장을 보는 사람들에다가 점심을 해결하러 온 인근 직장인, 관광객까지 몰려들어 사람들에 떠밀려 다닐 지경이 되었다. 어디든 한가한 곳으로 가려고 발을 옮기던 중 길 건너편에 익숙한 간판이 눈에 띄었다.

'NEAL'S YARD DAIRY'

코벤트 가든의 가게와 마찬가지로 짙은 파란색 간판을 마주하자 너무 놀라서 잠시 멈칫했다. 그러지 않아도 시장에 들렀다가 찾아가려던 참이었는데 이렇게 우연히 찾게 된 것이다. 버러 마켓에 있는 닐스 야드 데어리는 언뜻 보기에도 규모가 상당했다. 두 사람만 서 있어도 꽉 차던 코벤트 가든 매장과는 비교도 안 될 크기

였다. 엄청나게 큰 재래시장과 그 앞의 치즈 가게. 여행 중 제일 먼저 찾아다니는 소중한 두 곳이 공존하는 장소에 툭 떨어진 것처럼 내가 서 있었다.

매장에 들어서자 한 점원이 혹시 필요한 것이 있느냐고 물었다.그는 매니저 마이클Michael이었다. 코벤트 가든 매장에 처음 들어갔을 때와는 달리 나는 뚜렷한 목적이 있었다.

"치즈를 보러 왔어요."

입구에서부터 쌓여 있는 엄청난 치즈의 양으로 보건대 이곳이 런 던 치즈의 보고寶庫, 놓치면 안 될 장소라는 확신이 섰다. 그렇다면 처음부터 제대로 보자는 생각이 들었고 그러기 위해서는 그들의 협조가 필수였다. 나는 그간 치즈와 연관된 책을 썼고 이번엔 영 국 치즈 이야기를 쓰려고 취재 중이라고 그에게 천천히 설명했다. 그러자 본인은 매니저 마이클이라며 우선 상점을 둘러본 다음 원 하는 것을 이야기해 달라고 말했다.

매장 내부는 밖에서 예상했던 것보다 훨씬 컸고 크게 두 개의 공 간으로 나뉘어 있었다. 첫 번째 공간은 치즈를 비롯한 식품과 관 련 용품을 살펴보고 구입하는 곳이었다. 입구에 들어서면 정면으 로 계산대가 보이고 그 뒤로 나무토막처럼 잘라 놓은 체더 치즈를 진열한 선반이 있었다. 그리고 양옆 벽으로 놓인 선반에는 치즈 관련 서적과 치즈 요리할 때 사용하는 오일, 곁들이는 잼과 빵 그 리고 수제 버터와 요거트가 가득 들어찬 냉장고도 있었다. 매장의 크기도 크기이려니와 판매하는 품목의 다양함에 압도당할 정도였 다. 그리고 두 번째 공간은 계산대 왼편으로 펼쳐졌는데 그곳에는 체더뿐 아니라 이곳에서 취급하는 모든 치즈가 진열되어 있었다. 이 건물의 한 층은 여느 건물의 반 층 높이만큼 천장이 더 높았는 데 바닥부터 그 높은 천장까지 빼곡하게 짜인 나무 선반에 온갖

∧ 샤워기에서는 하루 종일 물이 흐르는데
덕분에 매장 안의 치즈가 마르지 않게 해 주었다.

종류의 치즈가 쌓여 있었다. 그리고 코벤트 가든 매장처럼 여기에
도 오크통에 커다란 샤워기가 설치되어 물이 계속 흐르고 있었다.
습도 유지가 잘 되는 덕분인지 차갑고도 축축한 공기가 피부 위로
내려앉는 느낌까지도 비슷했다.

이 건물은 본래 마구간이었다고 한다. 1층은 말 쉼터로, 2층은 말

에게 먹일 여물을 저장해 두는 곳으로 사용했고, 말 키만큼의 높이여야 했기에 천장이 그렇게 높은 것이었다.2층은 현재 치즈 수업 공간으로 활용하고 있다. 말이 주요 교통수단이었던 때 영국 전역에는 수없이 많은 말 쉼터가 있었다. 하지만 1800년도 중반부터 철도가 놓이기 시작하면서 빠르게 사라져 그 흔적만 남게 되었고 그런 곳 중 하나가 치즈 가게로 거듭난 것이다. 입구 역시 말이며 마차가 드나들 수 있는 거대한 나무문이다. 지금은 어느 닐스 야드 데어리에서도 볼 수 있는 짙은 파란색으로 칠해져 있는 데다 치즈를 설명하는 글을 빼곡히 써서 문에 붙여 놓은 터라 마구간 시절의 모습을 찾아보기는 어렵다. 하지만 조금만 주의 깊게 살펴보면 나무문 맨 윗부분에 50cm 정도의 쇠창살을 한 뼘 간격으로 주르륵 꽂아 둔 전형적인 옛 마구간 출입문 흔적을 볼 수 있다.

10여 분 동안 매장을 돌아본 후 마이클에게 다가가 책에 쓸 사진을 찍고 싶은데 직원들 얼굴이 나와도 괜찮은지 물었다. 그는 친절하게도 얼마든지 가능하다고 답했다. 마음이 좀 놓여 한 가지 더 부탁했다. 아마존에서 구입한 《진짜 치즈 안내서》The Real Cheese Companion를 들이민 것이다. 구입할 당시 리뷰가 없어 망설였지만 목차를 보니 도움이 꽤 될 듯싶었다.• 배송을 받아 보니 다행히도 영국의 치즈 농가를 지역별로 아주 상세히 정리해 놓은 책이었다. 다만 한 가지 문제가 있다면 사진이 없다는 점이었다. 저자가 설명하는 치즈가 어떤 모양인지, 저자가 설명하는 제조 과정이 실제로 어떻게 이뤄지는지 제대로 알 수가 없었다.

"어, 이 책을 읽네요? 세라도 우리 단골이었어요."

놀랍게도 《진짜 치즈 안내서》의 저자 세라 프리먼^{Sarah Freeman}이 닐스 야드 데어리 단골이었다. 그녀가 단골이었던 치즈 가게라니! 역시 현장은 현장이다 싶어 요즘도 오는지 물었더니 안타깝게도 몇 년 전에 세상을 떠났다고 했다.

"사진 한 장 없이 글자만 있는 책이라서 어떤 농장이 어떻게 생긴 치즈를 만드는지 알 수가 없어요."

나는 마이클에게 책과 색연필을 내밀며 갈 만한 농장이 있다면 표시해 달라고 부탁했다. 영국 치즈를 찾아 나서는 데 좋은 이정표가 되길 싶었다. 마이클은 농장 몇 군데에 표시해 주면서, 그 농장

● 치즈에 관련된 책들이 베스트셀러가 된 경우는 거의 없고 한국에서 정보가 알려진 저자도 거의 없다. 검색으로 겨우 찾아내야 하기에 치즈 자료를 구할 땐 책 리뷰 없이 그저 미리 보기 몇 페이지와 목차만 참조해 구입하곤 한다. 그렇게 구한 책들이 치즈 업계 종사자들에게는 널리 알려진 경우가 많아서 현지 농장이나 치즈 전문점에 들고 가면 희귀한 자료를 어떻게 구했냐며 반가워했던 일도 있었다. 책의 자료를 인용해 질문하면 내가 원하는 것도 더 명확하게 설명할 수 있고 도움을 받기도 수월해 꼭 책을 들고 다닌다.

들의 치즈를 여기서도 판매한다고 했다.

　"이 책에 나온 농장 치즈들이 여기 있다고요?"
　"그럼요. 우린 농장에서 직접 치즈를 사 오니까요."

다른 치즈 가게들도 모두 농장에서 치즈를 사 온다. 다만 도매업체들이 공급을 해 주는 방식이 일반적이다. 내가 마이클의 말에 놀란 건 책에서 설명된 치즈를 실물로 볼 수 있어서였다. 그때까지만 해도 '직접' 치즈를 사 온다고 한 마이클의 말에 큰 의미를 두지 않았다. 닐스 야드 데어리는 도매업체를 통해 치즈를 구매해 소비자에게 판매하는 단순 소매점이 아니다. 치즈를 생산하는 농가와 직거래로 치즈를 구매하는 곳으로 도매와 소매를 겸한다고 할 수 있다. 이는 치즈를 그만큼 많이 구매·유통한다는 뜻이기도 하지만 단순히 구매량이 많다고 농가와 직거래를 할 수 있는 건 아니다. 다양한 치즈를 판단하는 안목, 대량·장기 유통이 가능한 기술과 시스템이 뒷받침되어야 가능한 일이다. 마이클의 자부심에는 이유가 있던 것이다.

다음 날 오후 2시, 사진 촬영을 위해 미리 약속해 둔 시간에 맞춰 상점을 다시 찾았다. 치즈 가게가 가장 분주한 시간은 문을 여는 오전 9시부터 정오까지라고 했다. 이곳에서 치즈를 구입하는 중간 도매상들과 장을 보러 나오는 손님들이 몰리는 시간을 피해 마이

∧ 깐깐해 보였던 마이클은 치즈 사진을 찍을 때만큼은 진심이었다.
그들의 어깨에 올라간 치즈는 몽고메리 체더 치즈다.

클이 편하게 촬영할 수 있는 시간대를 잡아 준 것이다.

매장에 진열된 치즈는 그 종류와 양이 너무 많아 한눈에 안 들어
올 정도였다. 그도 그럴 것이 계약한 치즈 농가가 40곳이나 되며
한 농장에서 두 종류의 치즈만 받아도 대략 100종을 보유하게 되

ISLE OF MULL CHEDDAR

MONTGOMERY CHEDDAR

LINCOLNSHIRE POACHER

£21.35

£26.05

£25.55

CORNISH YARG

£23.65

GORWYDD CAERPHILLY

£25.20

니 말이다. 제한된 시간 안에 모든 치즈를 볼 수는 없으니 이곳에 가장 많이 진열되어 있고 그간 제일 궁금했던 체더 치즈에 집중하기로 했다.

내가 영국 치즈의 대명사 체더 치즈에 관심을 갖게 된 건 만드는 방법이 독특해서였다. 일반적으로 단단한 계열의 치즈는 숙성되는 동안 소금물로 표면을 닦아 낸다. 이렇게 하면 소금으로 인해 외피의 수분이 마르면서 두꺼운 껍질이 생겨나는데, 숙성이 진행될수록 더욱 견고해지는 이 껍질은 오랜 발효 기간 동안 치즈의 보호막이 되어 준다. 그런데 체더 치즈는 이런 자연스러운 껍질이 생성되게 두지 않는다. 대신 만드는 과정 중에 치즈 겉면을 천으로 감싼다. 모슬린muslin, 평직으로 짠 무명천이라고 불리는 면직물인데, 이를 라드lard, 돼지기름를 이용해 치즈에 붙인다.

나는 이전까지 어디에서도 천에 싸인 치즈를 본 적이 없었다. 천을 치즈에 둘둘 감아 두나? 그러면 치즈가 숨을 못 쉴 텐데, 숨을 못 쉬니 발효는 어떻게 진행되지? 모슬린 위로 소금물을 적셔 주나? 라드를 사용한다는 것도 치즈에 어떻게 쓰인다는 것인지 책으로만 읽은 체더 치즈의 모습은 전혀 감이 오지 않았다. 이 때문에 코벤트 가든 매장에서 체더 치즈를 처음 봤던 날도 칙칙한 빛깔에 통나무처럼 생긴 것이 아마도 체더 치즈겠거니 어림짐작만 할 수 있는 정도였다. 몽고메리 체더Montgomery Cheddar, 킨스 체더Keen's Ched-

치즈마다 붙어 있는 작은 라벨에는 치즈를 소개하는 많은 정보가 들어가 있다.
제조 날짜는 필수이며 제조 지역, 농장 이름, 사용된 우유가 살균인지 비살균인지 표기한다.

dar, 퀵스 체더Quicks Cheddar, 웨스트콤브 체더Westcombe Cheddar……. 체더 앞에 끝없이 다른 이름이 붙어 있었다. 체더 치즈의 종류인지, 제조 농장의 이름을 표기한 것인지 보고 있어도 뭘 보고 있는지 분간이 안 되었다. 흡사 눈뜬장님이 된 기분이었다.

닐스 야드 데어리의 치즈 보관실 왼쪽 벽엔 바닥부터 천장까지 나무 선반이 짜여 있어 칸마다 자르지 않은 통치즈가 가득 채워져 있고 오른쪽 벽에는 크고 작은 치즈 수십 종류가 낮은 진열대에 늘어서 있다. 손님이 그중의 치즈를 고르면 직원이 바로 잘라 포장해 주었다. 이 중 왼쪽에 쌓여 있는 치즈들은 원형 그대로였기에 직접 만져볼 수 있었는데 풀을 먹인 듯 까끌까끌한 모슬린이 치즈 표면에 단단히 붙어 있었다. 잘라 놓은 치즈는 위생상 만지면 안 되지만 원형 그대로의 치즈는 만져 볼 수 있다. 천으로 싸여 있는 외피는 먹는 부분이 아니기 때문이다. 단단한 치즈들은 이렇게 천을 붙여 발효시키는 것이 영국 치즈의 특징이다. 이 치즈에는 작은 종이로 된 라벨이 달려 있는데 여기에는 치즈 이름, 제조 농장, 치즈를 만든 날짜가 표기되어 있다.

"아, 표면이 천으로 감싸여 있어서 이렇게 종이를 매다는구나!"

자연적인 껍질을 갖는 단단한 치즈들은 보통 표면에 단백질로 만든 라벨을 올린다. 이 라벨은 치즈의 수분이 닿으면 표면에 바로 녹아 붙는데 흡사 도장을 찍은 것처럼 보인다. 이 라벨에는 제조 농장, 제조국, 제조일 등 중요한 정보가 담겨 있어 숙성이 끝나 시장에 팔려 나갈 때까지 치즈의 작은 소개증서가 된다. 내가 본 치즈 중에서는 주로 프랑스와 스위스 농가에서 이 방법을 사용했다. 이탈리아에서는 완성된 치즈 표면에 불에 달군 쇠로 도장을 찍어 정보를 표기하기도 했다. 대표적인 치즈가 바로 파마산이라고 부르는 파르미자노 레지아노다. 하지만 모슬린으로 감싼 치즈는 이 방법을 쓸 수 없으니 라벨을 이렇게 따로 달아 두는 것이다.

모슬린에 싸인 단단한 치즈만 봤는데도 마이클이 내게 허락한 두 시간 중 한 시간이 쑹덩 지나가 버렸다. 아직 봐야 할 치즈가 런웨이만큼이나 기다란 진열대 위에 켜켜이 쌓여 있었다. 나는 마이클에게 매장 지도를 그려 달라고 부탁했다. 매장에 진열된 치즈 이름도 정리하고 내가 관찰한 것과 맞춰 보기 위해서였다. 마이클은 내가 내민 노트에 매장 지도를 쓱쓱 그리더니 세척 외피 치즈, 수분이 가득한 비숙성 치즈, 염소젖 치즈, 지방별 치즈, 블루 치즈 그리고 벽에 진열된 치즈까지 전부 11구역으로 나눈 치즈 진열대를 표시해 주었다. 그리고 지도의 가운데에는 중요한 메모도 남겼다.

"실내 온도 14도, 습도 82퍼센트."

그가 적어 준 수치를 보면서 나도 모르게 감탄이 나왔다. 촬영 내내 나는 이 매장엔 어떤 치즈가 있는지에만 집중하고 있었다. 하

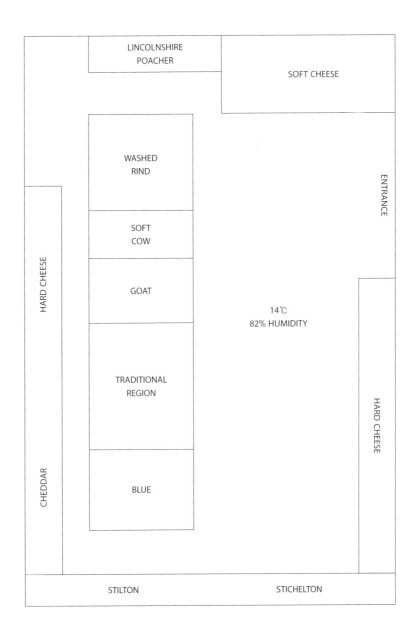

지만 마이클은 내가 원하는 것뿐 아니라 동시에 내가 알아야 할 것을 짚어 주었다. 치즈의 본질에 충실한 그에게는 치즈가 머무는 환경이 가장 중요한 정보였던 것이다. 그의 배려는 마지막까지 세심했으며, 그 덕분에 치즈를 둘러싼 환경이 얼마나 섬세하게 관리되고 있는지 알게 되었다.

습도가 정해 주는 치즈의 가치

오늘은 카메라를 챙겨 며칠 전 방문했던 코벤트 가든의 닐스 야드로 향했다. 마이클이 미리 연락을 해 촬영 허락도 받은 터였다. 매장에 갔더니 직원들이 분주히 한쪽 벽에 쌓여 있던 치즈는 물론 버터, 발효 요거트까지 전부 상자에 넣어 다른 곳으로 옮기고 있었다. 의아해하는 내게 매니저 마틴Matin이 말했다.

　　"실내 온도가 너무 올라가서요. 치즈를 모두 지하실로 내리는 거예요."

그러고 보니 35도가 넘는 더위 때문에 매장 온도가 지난번에 왔을 때보다 높은 듯했다. 벽을 가득 채웠던 치즈들이 사라져 휑한 공간에는 뜻밖의 치즈가 하나 놓여 있었다.

"Weight Trial Cheese. Weigh Me Morning+Night."
무게 실험 치즈. 아침과 밤의 내 무게를 더해 주세요.

더위 때문에 쌓여 있던 치즈를 다른 곳으로 옮기는 건 이해됐지만
그 자리에 새로운 치즈를 다시 놓아 무게를 측정한다니. 더구나
아침과 밤의 무게를 더해 어찌하는 것인지 감이 안 잡혔지만, 직
원들이 하도 분주하게 움직이고 있어 물어볼 엄두가 나지 않았다.
내가 머뭇거리고 있자 매니저 마틴이 다시 설명해 주었다.

∨　습도를 측정하는 데 사용한 치즈는 단단한 치즈인 '체셔'였다.
수분이 많은 치즈는 습도 테스트용으로 적합하지 않아
이렇게 단단한 치즈를 테스트용으로 사용한다고 했다.

"우리에겐 습도가 중요해요. 치즈 무게를 결정하거든요. 무게가 결국은 돈이니까요. 이렇게 공기가 건조할 땐 테스트 치즈를 여기에 올려 둬요. 이 치즈를 하루 동안 뒀다가 아침에 잰 무게랑 밤에 잰 무게를 더해서 기준 무게보다 10g이 줄면 정상이지만, 30g이 줄면 너무 건조해서 판매할 분량 외에는 전부 지하에 보관해요."

습도는 치즈 발효에 가장 중요한 요소 중 하나다. 너무 건조하면 조직이 부스러지지만 또 너무 습하면 발효가 아닌 부패가 진행될 수 있다. 하지만 내가 아는 습도와 닐스 야드 데어리의 습도는 달랐다. 그들에게 습도란 발효 과정 중에 있는 치즈가 아닌 상품화된 치즈에 적용되는 것이자 매출을 움직이는 기준이었다.

런던에 도착한 지 겨우 2주째. 나에게는 영국 치즈에 대한 의문이 산더미처럼 쌓여 버렸고, 스페인에서 한창 여물고 있을 올리브며 하몽, 양젖 치즈를 향한 관심은 점점 뒤로 밀려났다. 나는 여름이 끝나도 스페인으로 돌아가지 않고 영국 치즈를 좀 더 알아보기로 결심했다.

랜돌프 호지슨과 닐스 야드 데어리

영국 치즈에 눈을 뜨기 시작한 나에게 농장만큼이나 중요한 곳이 닐스 야드 데어리였다. 얼핏 보기에는 런던 몇 곳에 점포를 가진 대형 치즈 판매상으로 보이지만 이들 상점에 쌓여 있는 치즈는 전부 매니저들이 직접 농장에 가서 맛보고 선택해 구입한 것이다.

현재의 닐스 야드 데어리를 있게 한 사람은 랜돌프 호지슨Randolph Hodgson으로 그는 치즈가 어떻게 만들어지고 어떤 환경에서 숙성되어 어떤 맛을 갖게 되는지 알아야 치즈를 판매할 수 있다고 생각했다. 원래 닐스 야드 데어리는 1979년 콜라스 손더Nicolas Saunders가 창립한 것인데 시작은 그리스 스타일의 요거트와 프레시 치즈비숙성 치즈를 파는 상점이었다.

당시 코벤트 가든은 채소와 과일을 파는 상점이 밀집한 곳으로 임대료가 저렴했기에 닐스 야드 데어리도 이곳에 자리를 잡았다. 식품공학을 전공하고 이 상점에서 직원으로 일하던 랜돌프 호지슨은 치즈를 팔기 위해서 지식이 필요했다. 그러나 닐스 야드에 치즈를 공급해 주는 도매업자들은 그저 치즈를 받아서 공급할 뿐이라는 단순한 답변만을 내놓았다. 어느 날 호지슨은 영국 남부 데번Devon ● 지역에서 공급한 치즈가 여전히 사람의 손으로 만든 것이라는 사실에 놀라 데번의 농장까지 찾아갔다. 제1차, 제2차 세계 대전으로 영국의 많은 치즈들은 공장화되거나 획일화되었다. 그곳에서 치즈 메이커인 힐러리Hilary를 만나 치즈가 만들어지는 과정을 본 뒤 그녀의 소개로 주변 다른 농가들까지 둘러볼 수 있었다. 치즈가 만들어지는 과정부터 저장고의 진열 방법까지 배우고 숙성법과 보관법의 중요성을 인식하게 된 호지슨은 그의 낡은 자동차가 버거울 정도로 방문했던 농장들의 치즈를 가득 싣고 런던으로 돌아와 치즈 연구를 시작했다. 그는 도매업자들로부터 공급받을 때에는 알 수 없었던 '치즈가 매번 배송 올 때마다 맛이 달라지는 이유'와 '새로 들어오는 치즈의 부족한 정보'를 농장들과의 직접적인 소통으로 알아낼 수 있었다.

호지슨이 치즈를 판매하는 방법은 고객과 함께 테이스팅을 하고 대화를 나눔으로써 고객의 입맛에 맞는 치즈를 찾아 주는 것이었다. 이 방법은 닐스 야드 데어리의 직원들에게로 그대로 이어지고 있다. 닐스 야드 데어리는 현재 영국과 아일랜드의 치즈 농장 40여 곳과 함께 일한다. 농장을 직접 찾아가 치즈를 선택해 매입하

●   데번주는 체더의 원산지로 알려진 서머싯주 바로 옆 서쪽에 위치하며 해안선을 따라 온화한 기후로 목축을 하기 좋은 환경으로 유명하다.

는 전문 직원들이 따로 있는데 바로 판매할 치즈인지 아니면 닐스 야드에서 숙성한 뒤에 판매할 치즈인지에 따라 구입하는 치즈 숙성도 기준이 달라진다.

제1차, 제2차 세계 대전을 겪으며 영국에서는 많은 치즈 농가가 사라졌다. 고립될 수 있는 섬나라의 특성 때문에 전쟁 중에는 우유 공급을 영국 정부에서 관리했기 때문이다. 당시 영국에서 우유는 식량의 일환이었다. 호지슨이 닐스 야드에서 일을 시작한 1980년대에 여전히 손으로 치즈를 만드는 농가들을 만나게 되자 놀라워했던 이유에는 이런 시대 배경이 깔려 있다. 호지슨은 그들의 치즈를 직접 매입해 판매하며 팜하우스 치즈farmhouse cheese, 직접 키운 젖소에서 얻은 우유로 만든 치즈를 알리는 캠페인을 펼치기도 했다. 농가들은 랜돌프 호지슨 덕에 현재까지도 전통의 치즈를 계속 만들 수 있게 되었다고 말한다. 2015년 랜돌프 호지슨은 BBC에서 음식과 영농에 대한 평생 공로상The BBC food and farming awards을 받았다.

닐스 야드 데어리 위치

· 코벤트 가든: 17 Shorts Gardens London, WC2H 9AT. (지하철역 Covent Garden)
· 버러 마켓: 6 Park Street London, SE1 9AB. (지하철역 London Bridge)
· 버몬지: Unit 10 Dockley Dockley Road London, SE16 3SF. (지하철역 Bermondsey)
· 이슬링턴: 107 Essex Road, London, N1 2SL. (버스만 이용 가능)

버러 마켓에서 열리는 다양한 치즈 프로그램

닐스 야드 데어리 버러 마켓에는 치즈 수업이 열리는 공간이 따로 있다. 닐스 야드에 치즈를 공급하는 농장에서 치즈 메이커들이 직접 치즈가 만들어지는 과정 혹은 치즈 숙성도에 따른 맛의 변화 등 치즈를 주제로 교육을 하거나 크리스마스, 부활절과 같은 파티 셀렉션을 위한 치즈 수업을 하기도 한다. 5~8세 아이들을 위한 수업이 따로 있을 만큼 다양한 수업이 열리는데, 닐스 야드 데어리 홈페이지에서 알림 신청을 해 두면 수업이 열릴 때마다 안내 메일을 발송해 준다. 수강료는 수업마다 조금씩 다르지만 보통 50파운드 정도다.(어린이를 대상으로 한 수업은 15파운드로 저렴한 편이다.) 수강 신청은 닐스 야드 데어리 홈페이지(www.nealsyarddairy.co.uk)에서 할 수 있다.

버러 마켓에서 찾아갈 만한 치즈 가게

1) 몽스 치즈몽거(Mons Cheesemongers)
프랑스의 닐스 야드로 불리는 몽스 치즈 가게에서 공급받은 치즈를 판매한다. 프랑스 치즈와 스위스 치즈를 판매하며 닐스 야드에 치즈를 공급하는 도매업체이기도 하다. 영국까지 갔는데 파리에 들르지 못한다면 대신해서 프랑스 치즈를 만날 수 있는 곳이다.

2) 알솝&워커(Alsop&Walker)
아서 알솝(Arthur Alsop)과 니콜라스 워커(Nicholas Walker)가 운영하는 이 치즈 가게는 영국 남동부의 해안가 이스트 서식스(East Sussex)에서 직접 만든 치즈를 판매한다. 2012년 런던 올림픽에서 착안해 만든 세미소프트 치즈로 세계 치즈 대회에서 은메달을 받았다.

farm cheese from

NEAL'S YARD
DAIRY

SATURDAY 13th JULY
COME AND MEET
CHEESE MAKER
BEN HARRIS FROM
TICKLEMORE DAIRY IN
DEVON.

주말에는 종종 닐스 야드에 치즈를 공급하는 농가의 **치즈 메이커**가 직접 나와서
치즈 테이스팅을 한다. 이날의 치즈 메이커는 남부 데번의 티클모어 농장 벤헤리슨이었다.
힘든 촬영을 끝낸 나에게 치즈 설명은 물론 헤어질 때 따뜻한 인사도 해 주었다.

가공 치즈의 대명사, 체더 슬라이스

체더 슬라이스의 이름을 풀어 보면 체더 치즈를 얇게 썰었다는 의미다. 슈퍼마켓 냉장 코너에서 쉽게 볼 수 있고 많은 사람들이 거부감 없이 접하는 치즈다. 얇게 썰어 비닐에 개별 포장되어 있어 간식으로 꺼내 먹기도 쉽고 유통 기한도 넉넉해 오래 두어도 치즈 특유의 쿰쿰한 냄새가 나지 않는다. 이 치즈를 치즈의 분류 기준에서 가공 치즈processd cheese라 한다.

치즈는 크게 자연 치즈와 가공 치즈로 나뉜다. 자연 치즈는 우유를 이용해 만든 치즈 자체를 말한다. 모차렐라와 같이 숙성을 하지 않고 바로 먹는 치즈도 있고 에멘탈 같이 숙성을 한 뒤 먹는 치즈가 있는데 모두 자연

그대로의 치즈다. 치즈는 먹기 전까지 계속 발효를 한다. 때문에 치즈를 만든 날부터 시간이 흐를수록 맛이 계속 바뀐다. 날이 추우면 천천히 발효되어 풍미가 향상되지만 따뜻하면 발효 속도가 빨라져 부패되기도 한다.

가공 치즈는 이미 만들어진 자연 치즈를 이용해 다른 성질의 치즈로 변형을 한 것이다. 치즈에 열을 가하고 유화제를 넣어 액체 상태로 만든 후 색소나 풍미제를 넣어 원하는 모양으로 재탄생시킨다. 이렇게 하면 치즈를 어디서든 먹을 수 있고, 어느 곳이든 가져갈 수 있다. 그중 대표 치즈가 바로 슬라이스 치즈다. 염도를 조절해 아이들용을 만들기도 하며 고다, 체더와 같

은 치즈를 녹여 풍미를 색다르게 만들기도 한다. 얇게 썰은 모양으로 햄버거나 샌드위치에 넣어 먹기도 편하다.

이 치즈를 처음으로 개발한 사람은 1911년 스위스의 프리츠 스테틀러 Fritz Stettler와 발터게버 Walter Gerber다. 그들의 목적은 따뜻한 기온에서 에멘탈 치즈의 보관과 먼 곳으로의 이동이었고, 이를 위해 치즈에 열을 가해 발효균을 죽이고 상온에서도 단단해지지 않도록 구연산을 넣어 첫 가공 치즈를 성공시켰다. 이후 1916년 미국의 제임스 루이스 크래프트 James Lewis Kraft가 더 향상된 가공 치즈를 개발했다. 그는 치즈를 녹여 개별 포장을 시도했고 이것이 현재의 슬라이스 치즈의 시초가 되었다. 크래프트가 유명해진 건 제1차 세계 대전 중 가공 치즈를 군인들에게 식량으로 공급하면서다. 낱개 포장으로 전쟁 중에도 치즈를 먹을 수 있게 된 획기적인 개발이었다.*

가공 치즈의 개발은 치즈 역사에서 획기적인 진화이지만 거꾸로 자연 치즈를 만드는 농가들을 어렵게 했다. 수작업으로 제조되는 자연 치즈에는

* 크래프트 푸즈(Kraft Foods)는 현재까지도 미국에서 인지도가 높은 유가공 브랜드다.

많은 시간과 노동력이 들어가지만 기계를 이용하는 가공 치즈는 짧은 숙성으로 빠르게 만들기에 치즈 고유의 풍미를 느끼기 어렵다. 여기에 더해 가공 치즈에 자연 치즈가 함유되어 있기만 해도 전통 치즈의 이름을 사용할 수 있어 흔히 알고 있는 슬라이스 치즈가 진짜 체더 치즈로 알려져 있기도 하다.

영국이 원산지인 체더의 원래 모습은 둥근 원기둥 형태에 모슬린 천을 감싸 겉모습은 나무토막처럼 보이지만 잘라 보면 연한 아이보리의 색을 갖는다. 하지만 안타깝게도 이를 아는 사람들은 점점 줄어들고 있다.

< 영국 남부 데번의 퀵스 데어리 체더 치즈.
   숙성이 완료된 체더는 고목 같은 고동색의 투박한 모습이지만
   막상 치즈의 잘라 보면 그 속은 너무도 부드러운 연아이보리 색을 보여 준다.

작은 치즈 박물관
'리펀 치즈'

———

"치즈는 항상 살아 있고
그래서 아기처럼 계속 신경을 써 줘야 해요."

내가 찾아다니는 치즈 가게는 비록 도심 속에 있지만, 그 가게는
아주 시골스럽고 촌스러운 가게이기를 바란다. 위치 또한 찾느라
고생은 좀 하더라도 한적한 골목 뒤편에 있으면 더 좋고, 나이 지
긋한 주인이 가게를 지키고 있다면 더할 나위 없다. 리펀^{Rippon} 치
즈 가게가 바로 그런 곳이었다.

관광객이 넘치는 버킹엄 궁전과 언제나 사람들로 붐비는 빅토리
아 기차역이 걸어서 10여 분 거리에 있지만, 리펀 치즈 가게가 있
는 거리만큼은 한적했다. 푸른 페인트로 칠한 외관이며 커다란 유
리가 끼워진 나무문에 시골 상점처럼 발을 늘어뜨린 것 하며 세계
에서 최고로 번잡한 도시 런던과는 분명 동떨어진 모습이었다. 그
렇지만 리펀은 런던의 레스토랑들 사이에서 유명한 치즈 가게로,

특히 '블루 치즈를 보려면 리펀으로 가라'고 할 만큼 정평이 나 있다. 런던에 사는 지인이 직접 알려 준 곳인데 요리하는 사람이 추천한 곳이라 더욱 기대됐다.

"저는 한국에서 왔는데 런던의 치즈 가게들을 찾아다니고 있어요. 혹시 편하신 시간에 촬영할 수 있을까요?"

내 조심스러운 요청이 끝나기도 전에 카렌 아주머니는 작은 미소와 함께 고개를 끄덕여 주었다.

런던에서는 유럽의 다른 도시들보다 치즈 가게 찾기가 어려웠다. 동네 시장 골목만 들어서도 두어 곳 이상의 치즈 가게가 늘어선 프랑스처럼 많기를 기대한 건 아니지만 검색으로 겨우 몇 곳만 찾을 수 있었다. 대신 곳곳에 있는 슈퍼마켓 체인점 막스앤스펜서, 웨이트로즈Waitrose 등에 치즈 코너가 충분히 마련되어 있었다. 완제품으로 포장되어 판매하는 냉장 코너와 자연 치즈를 쌓아 두고 원하는 만큼 직원이 직접 잘라 주는 코너가 따로 있어서 쉽게 치즈를 구입할 수 있지만, 치즈를 두고 대화하기엔 치즈 가게만큼 자유롭지 못했다.

촬영을 약속한 날 오전 10시, 카렌 아주머니는 정말이지 좋아 죽겠다는 얼굴로 두 손을 바짝 움켜쥐곤 말했다.

"촬영은 조금 이따 해요. 버킹엄이 바로 앞인데 정말 안 갈 거예요?"

전날 영국 전역을 들뜨게 만든 로열 베이비•가 태어나 버킹엄 궁에 모인 시민들의 환호가 치즈 가게로 걸어오는 내내 온 도시에 울려댔다.

"전 한가할 때 치즈를 좀 더 봐 두고 싶어요."

같이 가고 싶은 마음에 발뒤꿈치가 살짝 들리기도 했지만, 어린 왕자의 탄생은 좋은 분위기에서 촬영할 기회를 준 것만으로도 내게 충분한 행운이었다.

리펀 치즈 가게는 필립 리펀Philip Rippon과 아내 카렌 리펀Karen Rippon이 근처 치즈 가게에서 일하던 경험을 살려 1990년에 문을 열고 현재는 총 500종의 치즈를 보유하고 있는 곳이다. 리펀은 밖에서 들여다보면 치즈가 보이지 않는 치즈 가게다. 매장 크기가 겨우 두 평 남짓인 데다 진열된 상품이라곤 겨우 몇 가지 잼과 과자뿐이어서 모르고 들어서면 소박한 식료품점으로 오해할 모습이다.

•　엘리자베스 2세 여왕의 증손이자 윌리엄 왕세손의 첫 아이. 왕위 계승 서열 2위 조지 알렉산더 루이스 왕자.

치즈는 매장 내부에 있는 유리문을 열면 바로 보이는 저장고에 따로 보관되어 있고, 잼과 과자가 있는 공간은 저장고에서 가지고 나온 치즈를 잘라 주거나 계산하거나 전화 주문을 받는 작은 사무실 같은 공간이었다. 카렌 아주머니가 분위기를 띄워 놓고 간 덕분에 얼굴을 마주한 지 5분밖에 안 된 매니저 루크^{Luke}와 나의 서먹함은 어깨를 한 번 들썩이며 웃는 것으로 곧 풀렸다.

"저 안에 들어가 봐도 되나요?"

당장이라도 습한 치즈 향을 뿜어내는 저장고 문을 벌컥 열어 들어가고 싶었지만, 문 하나를 사이에 두고 분리된 공간에 보호되듯 보관된 치즈는 다가가기 조심스러웠다. 그래서 이미 카렌 아주머니가 허락했음에도 루크에게 다시 한번 물었다. 내가 저 귀한 치즈들이 모인 곳에 들어가도 되겠냐고. 루크는 '물론'이라는 표정으로 저장고 문을 열어 주었다. 겨우 얼굴만 들이밀었는데도 양쪽 벽을 따라 펼쳐진 치즈들의 위엄에 압도될 정도였다.

저절로 외마디 감탄사가 나왔다. 이런 광경을 마주할 때면 보는 것만으로도 감동적이어서 선뜻 다가가지 못한 채 한동안 얼어 있기 일쑤였다. 그동안 찾아다녔던 여러 나라의 치즈 가게와는 조금 다른 모습이었다. 선반에는 커다란 덩어리 치즈가 아닌 한 손에 쥘 수 있을 만큼 작은 치즈가 가득 놓여 있었다. 전부 다른 종류의 치즈에 치즈마다 일일이 설명서를 붙여 놓았는데, 그 개수만 세어 봐도 족히 수백 개는 넘어 보였다. 치즈 설명서는 제조 원산지, 사용된 우유 종류, kg당 가격, 치즈 유래 등을 인쇄해 넣은 손바닥만 한 크기의 종이로 여기에 치즈 사진까지 함께 넣어 비슷한 치즈와 헷갈리지 않고 읽어볼 수 있었다. 이 메모에는 혼자서 치즈를 고를 수 있을 만큼의 내용이 담겨 있어 레스토랑 셰프들이 치즈를 고르러 왔을 때 일일이 테이스팅을 안 해도 치즈 정보를 어느 정도 얻을 수 있었다. 그 수에서도, 해설의 꼼꼼함에서도 작은 치즈 박물관을 방불케 했다. 그리고 그 다양한 치즈 사이에서 짤막한 메모 하나가 시선을 붙잡았다.

"Celebration Cakes, Made to Order, with Love OOO"
축하 케이크, 주문 제작, 사랑하는 OOO

케이크 주문 제작을 받는다는 문구였는데, 나는 치즈 가게에서 케이크를 만든다면 당연히 빵 속에 치즈가 들어간 모양일 것으로 생각했다.

"치즈를 빵집으로 보내서 치즈케이크를 만들어 주는 건가요?"

하지만 내 질문에 루크가 보여 준 사진은 전혀 '치즈케이크'의 모습이 아니었다.

"치즈를 크기대로 쌓아 케이크처럼 만들어요. 자연 치즈 그대로요. 제일 큰 치즈를 아래에 놓고 그보다 작은 치즈들을 차례로 위에 올려요. 가격은 요청하는 금액에 맞출 수 있어요. 100파운드, 200파운드 하는 식으로요. 대부분 결혼식 케이크로 주문하는데 파티가 끝나면 손님 수만큼 치즈를 잘라 나눠 주죠."

이 케이크의 정식 명칭은 '치즈 웨딩 케이크'cheese wedding cake 로 보통 5단 높이에 꽃이나 과일 등 자연미를 살린 장식을 얹는다. 숙성으로 얼룩덜룩해진 치즈 덩어리들을 켜켜이 쌓아 무슨 모양이 나올까 싶었는데, 자연 치즈에 푸릇푸릇한 자연 재료들을 얹어 만든 케이크는 의외로 우아한 자태를 풍겼다.

단, 이 케이크에 쓰이는 치즈 종류를 고를 때에는 몇 가지 조건이 있었다. 치즈는 계절에 따라 기온이며 습도, 바람 등에 큰 영향을 받는 음식이다. 이 때문에 날이 더운 여름에는 수분이 많은 물렁한 치즈카망베르와 같이 숙성 기간이 한 달 남짓인 하얀 곰팡이 치즈를 자제하며 다수의 하객을 위해 향이 강한 치즈쿰쿰한 냄새가 심한 블루 치즈보다는 대중적인 치즈를 쓴다. 또한 상징적인 의미로 결혼식이 열리는 지역에서 만들어진 전통 치즈를 쓰기도 하며 케이크 크기는 하객 1인당 100g을 기준으로 정한다고 한다. 잔치가 끝나면 손님들에게 떡을 챙겨 주는 우리네처럼 이곳 사람들은 치즈를 챙겨 준다는 말이 어찌나 친근하게 들리던지 괜스레 마음이 울렁였다.

오롯이 치즈로만 만든 케이크에 빠져 있는 사이, 루크의 입술이 파랗게 얼어 있었다. 행여 나 때문에 감기 들까 싶어 얼른 그를 밖으로 밀어내곤 천장의 팬이 돌아갈 때마다 불어닥치는 찬바람을 막기 위해 온몸을 웅크린 채 블루 치즈가 모여 있는 선반 앞에 다시 자리를 잡았다.

블루 드 젝스Bleu de Gex, 프랑스 블루 치즈, **캄보졸라**Cambozola, 독일 블루 치즈, 작은 도자기 병에 담긴 스틸턴Stilton, 영국 블루 치즈까지 그 종류가 얼마나 많던지. 처음엔 눈으로 세다가 나중엔 손가락으로 짚어 나가다가 결국에는 벌떡 일어나 저 위에까지 세고 보니 영국, 스코틀랜드, 아일랜드, 독일, 프랑스, 이탈리아 총 6개 나라의 블루 치즈만 43가지 종류나 됐다. 닐스 야드 데어리에서 본 8가지 블루 치즈에도 놀랐었는데 이곳에 비하면 댈 것도 아니었다.

인터뷰는 해도 사진 찍기는 민망하다는 필립 아저씨에게 왜 치즈 가게를 열었는지 물었다.

"왜 치즈 가게를 열었냐고요? 치즈는 빵이나 과일, 과자하고는 다르거든. 예를 들면 4월의 치즈랑 7월의 치즈는 서로 달라요. 설령 같은 계절의 치즈라 해도 비가 온 날에 만들어진 치즈와 해가 뜬 날에 만들어진 치즈도 다르고요. 어떤 농장 주인은 치즈가 너무 습한 곳에 있으면 '아이쿠 마이 베이비, 너무 습했구

< 런던에서 원하는 블루 치즈
를 찾고 싶다면 리펀 치즈
가게로 가라고 말해 주고
싶다.

> 치즈마다 작은 메모장이 붙
어 있고 사용된 원유 종류,
치즈 유래, 제조 원산지 그
리고 무게당 판매 가격까지
표기되어 있다.

나!' 그러거든요. 치즈는 항상 살아 있고 그래서 아기처럼 계속 신경을 써 줘야 하니 이보다 재밌는 직업이 어디 있겠어요."

치즈를 판매하는 사람이 아니라 농작물을 키우는 농부 같은 대답이었다. 생각해 보니 나 역시 그랬다. 길을 가다 상점의 치즈가 햇빛을 고스란히 받는 자리에 진열된 걸 보면 '아이고 얘들을 어쩌나?' 하는 말이 나도 모르게 튀어나오곤 했다. 치즈를 사랑하지 않으면 모를 이야기들을 한참 동안 필립 아저씨와 나눈 후 촬영을 끝낸 사진을 필립 아저씨의 컴퓨터에 옮겨 드렸다.

그새 버킹엄 궁에서 돌아온 카렌 아주머니가 상점 입구까지 배웅해 주었다. 그녀에게 작별 인사를 하던 나는 혹시나 하는 생각에 체더 치즈를 볼 만한 농장을 알려 줄 수 있는지 물었다.

"퀵이지요. 메리 퀵, 그녀라면 당신을 꼭 도와줄 거예요."

마침 옆에 퀵Quickes의 치즈가 진열돼 있었다. 이 치즈가 맞는지 묻자 카렌 아주머니가 고개를 끄덕였다. 퀵은 저장고 안쪽 선반에 쌓여 있던 치즈 중 하나였는데, 그 색다른 이름 때문에 기억하고 있었다. 컬러 인쇄된 종이로 치즈 주위를 띠처럼 감싸 포장한 모습은 작은 종이 라벨만 붙여 둘 뿐인 여느 치즈들과 달리 세련돼 보였다. 모슬린에 싸인 외형은 전형적인 체더 치즈였고 말이다. 그때는 짐작하지 못했다. 퀵이 내 치즈 여행의 은인이 되리라고는 말이다.

리펀 치즈 가게 위치

- · 26 Upper Tachbrook St, Pimlico, London SW1V 1SW.(지하철역 Pimlico 혹은 Victoria Station)
- · 화-금 9:00~18:00 / 토요일 8:30~17:00 / 월요일 · 일요일 휴무

치즈 배송용 포장

치즈는 숙성 정도에 따라 포장이 달라지는데 체더 치즈처럼 오랜 숙성의 단단한 치즈들은 대부분 따로 포장하지 않는다. 치즈에 매달린 작은 라벨에 만든 날짜가 표기되어 있고 라벨에 농장 이름을 넣는 정도다. 오래 숙성한 치즈의 껍질은 먹지 않기 때문에 치즈를 멀리 이송하더라도 개별 포장을 하지 않은 채 상자에 바로 넣는다.(기호에 따라 껍질을 먹기도 한다. 단단한 질감이 좋아서도 그렇고 껍질만의 풍미가 있기 때문이라는 의견이 있다.)

짧은 숙성의 소프트 치즈는 작은 힘에도 쉽게 눌리기에 개별 포장 상자를 사용한다. 플라스틱 소재나 비닐 소재가 아닌 나무 혹은 종이 상자를 사용하는데 이유는 식탁에 오르기 전까지 계속 발효하는 치즈를 숨 쉴 수 있게 하기 위해서다.

장거리 운송용이 아닌 집 앞의 치즈 가게에서는 대부분 코팅된 포장 종이를 사용한다. 어릴 적 우리 동네 고깃집에서 고기를 신문에 둘둘 말아준 적이 있는데 유럽의 치즈 가게들이 여전히 그런 모습이었다. 물론 치즈의 수분이나 유분이 빠지지 않게 신문지가 아닌 가게 로고나 치즈 이름이 인쇄된 매끈한 코팅 종이지만 말이다. 치즈의 모양에 따라 순식간에 날카로운 종이 각을 세워 포장해 준 치즈를 받으면 흡사 선물 받는 기분이 들 정도로 이들의 치즈 포장은 놀랍도록 빠르고 정교하다.

> 오랜 숙성의 단단한 치즈인 체더는 포장을 하지 않은 그대로 판매되기도 한다.

PART 3

영국 시골의 치즈

두 번째 들어가는
영국

'여기가 맞나?' 자동차 핸들을 붙잡고 어두운 창밖을 둘러봤지만 가로등 몇 개가 듬성듬성 서 있을 뿐인 부둣가는 암흑 자체였다. 아무래도 이곳은 아니었다. 시간은 밤 11시. 페리를 예약한 새벽 5시까지는 여유 있었지만 길을 잘못 든 듯했다. 이곳은 프랑스 북부, 영국의 도버Dover 해협에 면한 항구 도시 칼레Calais였다. 파리에서 차를 빌린 후 북서쪽에 위치한 디에프Dieppe 항구에 도착했지만 다시 200km를 달려 여기 칼레까지 온 것은 순전히 저렴한 페리 값 때문이었다. 어둠 속에서 낯선 길을 세 시간이나 달려온 터라 피곤함이 몰려든 와중에도 길을 찾기 위해 다시 시동을 걸었다. 고작 100m쯤 나아갔을까 페리를 타는 이정표가 보였다. 한적한 길을 쭉 따라가자 고속도로 톨게이트처럼 생긴 곳이 나왔다. 겹겹이 세워진 철망에 축구장만큼이나 거대한 공터가 아무리 봐도 페리 승선장은 아닌 듯 보여 이미 한 번 지나쳤던 곳이었다. 하지만 이 늦은 시각에 길을 물을 사람도 없었기에 정체 모를 공간에 다가갔다. 다행히 안전 요원으로 보이는 한 사람을 만났다.

"저기요! 실례지만 영국으로 가는 페리를 타는 곳이 어딘가요?"

차창을 내리자 세찬 바람이 몰아쳐 거의 고함을 치다시피 해야 겨우 내 목소리를 전할 수 있었다.

"영국으로 가는 페리요? 저기 오른쪽으로 돌아 나가면 철망 사이로 길이 있어요! 그 길을 끝까지 따라가세요!"

말이 끝나자마자 입술이 파르르 떨렸다. 그날은 8월 30일, 아직 더위가 남아 있는 늦여름이었지만 바닷가의 밤바람은 한겨울만큼이나 맹렬했다. 근처에서 길을 헤매는 사람들이 종종 있는지 안전 요원이 알려 준 철망 사잇길에는 기다렸다는 듯 경찰차가 있었다. 경찰이 데려다준 곳은 아까 잘못 들었던 곳의 반대편 길이었고, 고속도로 톨게이트처럼 보였던 곳은 알고 보니 출입국 관리소였다.

차를 타고 배에 오르기 때문인지, 영국과 프랑스 간의 협약이 있는 건지 도착지에서 받는 입국 심사를 출발지에서 했다. 때문에 프랑스 땅이지만 관리는 영국에서 했다. 영국 경찰은 밀입국자를 단속하기 위해 항구 곳곳을 삼엄하게 경계하고 있었다. 자정에 가까운 시간인데도 대낮처럼 불을 밝힌 거대한 광장에는 톨게이트 같은 작은 부스마다 입국 심사를 기다리는 수십 대의 자동차가 줄지어 서 있었다. 페리만 타면 된다는 생각에 무작정 달려왔건만 까다로운 영국 입국 심사를 난데없이 맞닥뜨린 나의 긴장감은 극에 달했다. 마침내 내 차례가 되자 부스에 앉은 입국 심사관이 내 얼굴과 자동차 번호판 그리고 내게서 받아 든 여권을 의심 가득한 눈으로 훑었다.

"혼자인가요?"

"차는 당신 건가요?"

"얼마나 머물 예정이죠?"

"직업은 뭐죠?"

"무슨 목적으로 영국에 가려 하나요?"

그래. 누가 보더라도 나는 일반적이지 않았다. 동양인 여자 혼자, 프랑스 자동차를 타고, 영국 치즈를 찾아다니겠다니. 그것도 하루 이틀도 아니고 두 달이나. 입국 심사관의 눈초리가 매서운 건 당연한 일이었다.

"차를 저 옆으로 주차하세요."

나는 아주 의연한 척 심사관이 가리킨 자리에 주차했다. 그러고는 제복을 입은 경찰을 따라 별도로 마련된 사무실 건물로 들어갔다. 그 안에는 입국 심사에서 석연치 않아 불려 들어온 듯한 사람들이 심사를 기다리고 있었다. 심장이 온몸을 흔들어 대듯 거세게 뛰기 시작했다. 범죄자로 낙인찍힌 기분이었다. 더욱이 다른 사람들처럼 줄을 서지도 않고 곧바로 다른 입국 심사관이 배정됐다. 나를 뚫어져라 쳐다보는 그의 눈초리는 조금 전 밖에서 마주쳤던 심사관보다 훨씬 매서웠다. 긴장해서 작은 실수라도 저지른다면 앞으로 계획된 여행이고 뭐고 다 틀어질 판이었다. 마음을 단단히 먹고 그가 요구하는 모든 자료를 침착하게 하나하나 꺼내 보여 주었다. 5분쯤 지났을까 그가 내 말을 듣는 것이 아니라 내 눈빛이 흔들리는지를 확인하는 것이 보였다. 마지막으로 빌린 자동차를 프랑스에 반납하는 날짜와 소지한 신용 카드 등급까지 설명하자 입을 굳게 다문 심사관이 고개를 끄덕였다. 그러고는 파란 잉크를 묻힌 도장을 집어 들었다.

"입국 후 6개월 안에 떠나시오. 칼레 30. AUG. 2013."

주섬주섬 늘어놓은 여권과 서류들을 챙겨 사무실을 나와 모퉁이에 세워 둔 차에 타자 기온이 낮아서였는지 잠깐 맞은 찬바람에 치아가 부딪칠 정도로 온몸이 덜덜 떨렸다. 오리털 점퍼까지 꺼내 입었지만 떨림은 가라앉지 않았다. 시동을 켜고 히터를 틀고 차를 움직여 '도버로 향하는 배 타는 곳'이라는 표지판 앞에 주차를 하고 사이드 브레이크까지 채우자 갑자기 눈물이 쏟아졌다.

그날은 파리에서 차를 받은 지 사흘째 되는 밤이었다. 자동 기어보다 저렴해 비용을 아끼려고 빌린 수동 기어 차 시동을 꺼뜨려 도로에 수십 번을 세워야 했던 첫날을 지나, 캠핑 장비를 마련하느라 밥도 제대로 못 챙겨 먹고 이케아와 카르푸를 종일 돌아다닌 둘째 날을 넘어, 뱃값 아껴 보겠다고 익숙하지도 않은 자동차로 프랑스 북쪽 해안선을 200km나 운전해 이곳에 도착했다. 그리고 마지막으로 심장이 오그라들 것 같던 입국 심사까지 드디어 마쳤다. 꼭 이렇게까지 일을 벌여서 치즈를 봐야 하는 것인지 혼자 시작한 일에 누구도 원망 못 할 서러움이 몰려 울음을 터뜨린 것이었다.

하늘이 어슴푸레하게 밝아 오기 시작한 이른 아침, 프랑스 칼레를 떠난 배가 영국 도버항에 가까워지자 영국 땅을 휘감은 듯 웅장한 흰 암석 절벽이 모습을 드러냈다. 비바람이 몰아치는 갑판 위에서 다시 마주한 영국 땅은 그렇게 새로울 수가 없었다. 이제 저곳에 가면 또 다른 치즈들을 만날 수 있을 테고 내게는 시골 구석구석 누빌 자동차도 있으니 겁날 것 하나 없었다. '보고 싶은 것

원 없이 보자.' 망망대해에 소망을 풀고 있으려니 차츰 불어난 사람들이 페리 지하 주차장으로 향하기 시작했다. 나도 그들을 따라 주차장으로 내려가 차에 올라탔다. 앞뒤로 바짝 붙여 주차된 차들 사이에서 시동을 거는 것이 다소 불안했지만 다행히 별 덜컹거림 없이 시동이 걸렸다. 수동 기어는 시동을 걸 때마다 차가 앞으로 튀어 나가지 않을까 무서웠다. 차들은 게이트가 열리자마자 페리 밖으로 쏜살같이 빠져나갔다. '도버항에 오신 것을 환영합니다'라는 표지판을 반길 겨를도 없이 나도 그들을 따라 도로를 내달렸다. 한참 달리다 보니 그 많던 차들은 금세 사라졌고 도로는 한적했다. 그러고 보니 주말 아침이었다. 영국에 다시 오기까지 고생 많던 지난 며칠이 아련했다. 여유로운 기분에 젖어 들던 그때 옆에서 누군가 경적을 울렸다. 무언가 이상했다. 2차선 도로에서 우리는 거의 나란히 달리고 있었다. 나는… 역주행 중이었다!

이번 여행의 시작이었던 스페인의 무더위를 피하기 위해 잠시 들른 영국에서 이렇게까지 오래 머물 것이라고 생각하지 못했다. 유명한 체더 치즈의 고향이지만 그저 런던의 치즈 가게에서 치즈 구경만 할 생각이었다. 그런데 영국에서 프랑스와 이탈리아만큼 많은 치즈와 전통의 치즈를 만나게 된 후 나는 스페인으로 돌아가지 않고 영국에 남기로 했다. 드디어 말이 통하는 곳에서 치즈 제조 과정에 대해 궁금한 것을 마음껏 물어볼 수 있게 된 이 기회를 놓칠 수 없었다.

차를 직접 몰고 다니며 기동성을 높여 치즈가 만들어지는 과정을 제대로 보고 싶었기에 차를 빌리기 위해 파리로 갔다. 굳이 영국에서 프랑스까지 가서 자동차를 빌려온 이유가 있었다. 프랑스에는 외국인 대상 리스 제도가 있어 한 달 이상을 빌릴 경우 렌트카보다 훨씬 저렴한 데다 풀커버리지 보험도 포함되어 있기 때문이다. 그렇지만 가장 큰 이유는 핸들 위치에서부터 도로 주행 방향까지 모두 한국과 반대인 영국의 교통 시스템이었다. 영국에 한 달 반을 있어도 횡단보도 방향조차 거꾸로 보고 걷는 본능을 저버리지 못한 판국에 운전이라니 상상만으로도 끔찍했다. 하지만 결국 본능을 잊지 못한 역주행 운전은 두 번이나 있었으니 따라갈 차가 없는 텅 빈 도로에서의 공포감은 한동안 계속됐다.

차를 갖고 어렵게 영국으로 다시 넘어왔지만 어디부터 가야 할지 갈피를 잡지 못한 채 새벽녘 어느 해변 주차장에서 잠이 들었다. 쏟아지는 햇볕에 부스스 눈을 떠보니 한적했던 주차장은 어느새 자동차로 가득했다. 이불 삼아 덮었던 오리털 점퍼를 걷어 내고 몽롱한 채 턱을 괴고 앉았다. '진짜 영국으로 넘어오긴 했는데 어디로 가야 하나. 누굴 찾아가야 하지. 휴대폰 유심칩을 사야 내 위치를 파악하든 할 텐데……' 간밤의 사투와는 다르게 눈부신 햇살 아래 선글라스와 스카프를 두른 관광객들로 넘치는 해변은 전혀 다른 세상이었다. '일단 여기서 나가자.' 그길로 무작정 주차장을 빠져나가 대형 쇼핑몰을 찾아냈고, 유심칩을 구해 인터넷이 되자 낯설고 먼 땅에 고립된 듯했던 마음에도 안정이 찾아왔다. '이제 캠핑장을 찾아가자. 그래! 캠핑장! 우선 그곳에 가서 씻고 밥을 먹자. 그런데 이 넓은 땅 어디서부터 시작해야 하지?'

영국을 대표하는
블루 치즈 '스틸턴'

———

"고작 하루 이틀 말고
2주 동안 그 속에 살 수 있도록 해 주세요."

– 중동부 노팅엄셔주 블루 스틸턴 치즈

오늘날까지 스틸턴 치즈가 만들어지는 세 지역 중 내가 선택한 곳은 노팅엄셔였다. 노팅엄셔의 주도州都인 노팅엄 외곽에는 스틸턴 치즈의 양대 산맥을 이루는 두 농장, 콜스턴 바셋과 크롭웰 비숍이 있다. 나는 노팅엄 시내의 한 호스텔에 무작정 침대 하나를 잡았다. 그러고는 이미 보내 둔 이메일의 답변을 기다리느라 노심초사하고 있었다. 두 곳 중 어느 데어리가 나를 반길지 거절할지 모르는 채 말이다.

내가 묵은 호스텔은 100년도 넘은 주택을 개조한 3층 건물이었다. 빨간색 낮은 문을 밀고 들어서면 작은 마당에 아름드리나무가 있고 건물 안으로 들어가면 커다란 창문 옆에 소파와 텔레비전이 있는, 영국의 가정집에 들어온 듯 아늑한 집이었다.

"며칠 있을 거예요?"

"2주? 3주? 아직 모르겠어요."

나는 우선 주말까지의 숙박비만 치르곤 일정이 바뀌면 바로 이야기하겠다고 말했다. 장거리 이동으로 몸은 녹초였지만 막상 짐을 풀고 나니 불안함을 넘어 두려움이 엄습했다. 영국 중부에 덩그러니 떨어진 막막한 일정이 그제야 실감 난 것이다. 바닥난 체력 때문에 더 심난한 기분인가 싶어 든든한 저녁으로 배를 채우자 조금 전의 불안함이 다행히 느긋함으로 가라앉았다. '시간을 두고 보자. 혹시 내일은 농장들에서 답장이 와 있을지도 모를 일이니.' 그런 마음으로 그날은 바로 잠들어버렸다.

다음 날, 삐거덕거리는 이층 침대에 오도카니 앉아 휴대폰만 주시하고 있었다. 이미 콜스턴 바셋에서는 방문이 불가능하다는 답장이 와서 남은 건 크롭웰 비숍뿐인데 보낸 지 사흘이 지나도 답장조차 없으니 더 심란했다. 이곳마저 스틸턴 치즈를 보여 주지 않는다면 직접 찾아가 읍소라도 해야 하나, 고민이 깊던 아침이었다. 내가 묵고 있는 방은 2층에 있는 4인실이었다. 100여 년 된 가정집을 개조해 만든 터라 좁고 가파른 나무 계단만 오르락내리락하며 이메일을 기다린 지 몇 시간째. '혹시?' 하는 생각이 스쳤다. 답장이 와 있었다. 스팸 메일함에 멀쩡히!

친애하는 민희

연락 주셔서 감사합니다. 우리 크롬웰 비숍 크리머리에 방문하는 것을 얼마든지 환영합니다. 만약 당신이 원한다면 우리 마을에 머물 숙소도 알아봐 드릴 수 있습니다. 우리는 스틸턴 치즈를 어떻게 만드는지 보여줄 수 있고, 당신은 사진 촬영은 물론 치즈 만드는 일에 직접 참여할 수도 있습니다. 좋아한다면 말입니다. 우리는 당신이 오는 것을 정말로 고대하고 있으니 가까운 시일 안에 방문해 주면 좋겠습니다. 언제 올 수 있는지 알려 주십시오.

－크롬웰 비숍 대표 로빈 스케일

메일은 심지어 한 통이 아니었다. 내가 크롬웰 비숍에 메일을 두 통 보냈듯이 로빈Robin의 답장 역시 두 통이 와 있었다. 너무도 호의적인 메일에 혹시 내가 잘못 이해했나 싶어 몇 번이고 꼼꼼히 읽었지만 어디에도 'NO'라는 단어는 없었다. 이를 어쩌나 물밀듯이 몰려오는 감동이 감당 안 됐다. 다음 날엔 로빈한테서 전화가 왔다. 그는 내가 필요한 것이 뭔지 물었고, 나는 하나부터 열까지 빠짐없이 다 보고 싶다고 말했다. 그리고 그 농장에 정말로 2주 동안이나 가도 되는지 재차 물었다.

"우리는 소를 키우지 않으니 농장이 아닌 일반 크리머리입니다. 물론 머물고 싶은 만큼 충분히 있어도 됩니다."

당시 나는 농장farm이라는 단어를 소를 키우는 농장뿐 아니라 수작업으로 치즈를 만드는 전통 농가 등 다양한 의미로 사용하고 있었다. 프랑스에서는 프로마주리fromagerie, 스위스에서는 케제라이Käserie라는 단어로 치즈 만드는 곳을 표현했다. 소규모든 대규모든 관계없었고 젖소 농장을 함께 운영하는 곳이 아니어도 모두 같은 명칭을 썼다. 단, 모두 수작업으로 운영되는 곳이다. 영국에서는 이렇게 많은 의미를 갖고 있는 단어를 찾지 못했다.

크롬웰 비숍은 대규모이며 소를 키우지 않지만 치즈 공장cheese factory이라고 부를 수는 없었다. 수작업으로 치즈를 만드는 곳이어서 산업적인 단어가 어울리지 않았다. 영국에서는 대규모로 유제품을 제조하는 곳을 '크리머리'creamery라 한다. 우유에서 추출한 크림을 이용해 유제품을 만들거나 치즈 만드는 곳을 의미하는데 프랑스나 스위스처럼 치즈 제조에만 쓰는 한정적인 단어는 아니다. 때문에 크리머리라고 쓰여 있는 곳은 아이스크림을 만드는 곳이기도 하고 크림치즈를 만드는 곳이기도 하다. 이에 더해 우유를 이용해 유제품을 만들거나 판매하는 곳으로 데어리dairy가 있다. 치즈, 발효 요구르트, 우유, 달걀 등을 판매하는 상점들 말한다. 크리머리와 데어리는 거의 비슷한 의미로 사용되는데, 젖소 농장을 운영하며 직접 짠 우유로 치즈를 만드는 곳은 팜 데어리farm dairy라고 한다.

∧ 호박벌들이 날아다니는 예쁜 정원이 있는 2층 집이 크롭 웰비숍의 사무실이다.

크롭웰 비숍에 첫발을 들인 날은 호스텔에서 주말을 보낸 뒤의 화요일이었다. 노팅엄 시내에서 버스를 타고 한 시간여를 가서야 도착한 그곳은 아담한 주택들만 늘어선 작은 시골 마을이었다. 분명 맞는 정류장에 내렸음에도 마을이 너무 한적해 덩그러니 혼자 떨어진 느낌이었다. 길을 물어볼 사람조차 없어 헤매지나 않을까 걱정했지만 크롭웰 비숍의 입구는 다행히 정류장에서 멀지 않은 곳에 있었다. 크리머리를 알리는 연노랑의 기다란 간판을 지나 붉은 지붕이 덮인 하얀색의 낮은 건물들 사이를 걸어 들어갔다. 흐드러지게 핀 보라색 라벤더 꽃 주위로 털이 복슬복슬한 호박벌들이 날아다니는 마당에 다다르자 누군가가 나를 보고 말을 걸었다.

"Are you Minhee?"

드디어 나를 반기는 사람이 나타났다.

세계 3대 블루 치즈

스틸턴Stilton은 푸른곰팡이가 얼기설기 퍼져 있는 치즈로 프랑스의 로크포르Roquefort, 이탈리아의 고르곤졸라Gorgonzola와 함께 세계 3대 블루 치즈로 꼽힌다. '블루 치즈'라고 불리기에 치즈 전체가 푸른색일 것 같지만 자연적으로 만들어진 껍질에 싸여 있어 치즈를 잘라야만 안쪽에 퍼진 푸른 무늬를 볼 수 있다. 이 무늬는 치즈를 만들 때 넣는 페니실리움 로크포르티Penicillium roqueforti 곰팡이균이 발효를 거치는 동안 사방에 퍼져 만들어지는 것인데 그 모양이 대리석 무늬처럼 보여 '마블 치즈'marble cheese, 즉 대리석 치즈라고도 부른다. 스틸턴 치즈뿐 아니라 많은 블루 치즈가 마블 치즈로 불린다.

이 치즈의 이름은 영국 중부에 위치한 '스틸턴'이라는 작은 마을에서 유래했다. 일반적으로 치즈 이름은 처음 제조한 지역 이름에서 따오곤 하는데, 이 치즈는 제조한 지역이 아니라 판매한 지역

의 이름을 땄다. 인근 마을에서 만들어져 스틸턴 마을에서는 판매
만 한 것이다. 스틸턴 치즈의 최초 제조자로 알려진 프랜시스 폴
렛Frances Pawlett은 1700년대 중반 레스터주의 와이몬덤Leicestershire Wy-
mondham 마을에서 블루 치즈 제조자로 유명한 농부였다. 그녀의 치
즈를 유명하게 만든 사람은 당시 스틸턴 마을에서 여관을 운영하
던 쿠퍼 손힐Cooper Thornhill이었다. 그는 프랜시스 폴렛의 블루 치즈

를 접하고는 그 특별한 풍미에 반해 농가를 직접 찾아갔다. 그러고는 프랜시스 폴렛에게서 공급받은 치즈를 자신이 운영하던 벨 여관에서 판매하기 시작했다. 벨 여관은 스틸턴 마을에서 런던과 스코틀랜드를 잇는 단 하나뿐인 도로 그레이트 노스 로드The Great North Road로 런던에서 출발한 여행자들의 첫 번째 휴게소가 있는 곳이었다.

철도 교통이 발달하기 전 영국에서 말은 주요 교통수단이었다. 이런 이유로 여관은 비단 사람뿐 아니라 말을 위한 휴게소였으며 마차 보관소이기도 했다. 여관들은 투숙자들을 위해 식당을 함께 운영했는데 식사와 함께 판매된 프랜시스 폴렛의 블루 치즈가 벨 여관에 머물렀던 손님들을 통해 전해지면서 자연스레 '스틸턴 치즈'라는 이름을 얻게 되었다. 여기에 더해, 작가 대니얼 디포Daniel Defoe●가 자신의 책 《영국과 웨일스 여행》에서 "스틸턴 치즈는 영국의 파르메산●●이 될 것이다."라고 언급하면서 유명세를 더했다.

스틸턴 치즈를 찾는 사람들이 많아지면서 블루 치즈를 만드는 농가들이 늘어났고 1700년대 후반부터 생산 지역이 점차 넓어졌다.

●　　영국의 작가 겸 저널리스트. 소설 《로빈슨 크루소》의 작가로 유명하다.
●●　　파르메산은 이탈리아의 대표적인 치즈 파르미자노 레지아노를 말한다. 이탈리아에서는 주방의 남편이라고 불리며 파스타나 샐러드에 갈아서 넣는 등 요리에 많이 사용된다. 우리나라에서도 이탈리아 요리에 사용하는 치즈로 유명하다.

그리고 1840년대부터 증기 기관차가 발명됨에 따라 치즈를 런던 까지 운송하는 것이 가능해지자 1900년대 초, 스틸턴 치즈 제조자들은 원산지를 벗어난 무분별한 생산을 막기 위해 법 제정을 시도했다. 1969년 영국 대법원은 스틸턴 치즈 보호에 대해 이렇게 서술했다.

스틸턴은 크림을 제거하지 않은 우유로 만든 블루 혹은 화이트 치즈다. 압력을 가해 치즈를 누르지 않고 둥근 원기둥 형태에 자체적으로 부스러지는 질감과 껍질을 갖는다. 우유는 영국 내의 농장에서 생산된 것만 사용한다. 제조 지역은 멜턴 모브레이Melton Mowbray와 그 주위를 포함하는 다음의 세 곳이다. 레스터셔Leicestershire, 지금은 루트랜드 지역도 포함, 더비셔Derbyshire, 노팅엄셔Nottinghamshire. 이 규정은 공장형 치즈나 모방 치즈 개발을 방지하기 위함이다. 블루 스틸턴과 화이트 스틸턴은 PDO•의 승인을 받는다.

－ 자료 참조: the taste of Britain 2006.

•   Protected Designations of Origin. 스틸턴은 1996년에 승인을 받았다. 프랑스의 AOC(appellation d'origine contrôlée)와 같으며 주로 와인, 치즈 등 농산물을 이용해 전통 방식으로 만드는 식품을 보호하는 제도다. 원산지 이외의 지역에서 생산된 식품에는 원산지에서 사용하는 명칭을 쓸 수 없다. 제조 방법 또한 정해진 전통 방법 그대로를 따라야 하며 심의를 거쳐 통과한 농가들의 농산물에만 붙여진다.

치즈 만들기 첫 단계: 우유가 커드로 되기까지

"카메라는 여기에 두고요. 시계, 작은 액세서리 등은 다 빼야 해
요. 안에 들어가면 온도가 높아 더울 테니 점퍼도 여기 두세요.
아, 그리고 메모하려거든 볼펜은 이것만 사용해야 돼요."

치즈 제조장에 들어가려면 공항 검색대에서보다 더 삼엄한 소지
품 검사를 받아야 했다. 사무 담당 매니저 마크Mark가 내 손에 파
란색 볼펜을 쥐어 주었다. 팩토리 펜factory pen이라 하는 볼펜을 뱅

∨ 사무실 1층에 들어서자 창가 아래의 선반에 블루 치즈를 담는 도자기들이 즐비했다. 블루 치즈
는 질감이 크림치즈 같아 이렇게 도자기에 담는 것이 가능하다. 영국의 대표적인 슈퍼마켓 세
인즈버리, 웨이트로즈 그리고 헤로즈 백화점 등에서 판매되는 블루 치즈 도자기 용기들이다.

그르르 돌려 보니 여느 볼펜보다 거친 마감에 두꺼운 플라스틱 몸통을 가졌다.

> "팩토리 펜은 만약 치즈에 섞여 들어가도 최종 검사할 때 기계에 감지되는 소재라 식품 사고를 막을 수 있죠. 다른 펜들은 감지되지 않으니 작업장에서는 꼭 팩토리 펜만 써야 해요."

사무실에서 1차 점검을 마친 후 마크와 함께 건너편 건물에 있는 치즈 제조장으로 갔다. 제조장 입구에서 2차 위생 절차를 거쳤다. 흰 가운에 흰 고무장화 여기에 더해 일회용 머리망을 귀까지 덮어 썼다. 손을 세척용 비누로 씻는 것은 물론 고무장화를 신은 발은 소독액에 담갔다가 자동으로 회전하는 솔에 갖다 대고선 벅벅 닦아 냈다. 솔이 달린 기계에 한 발씩 넣어야 했는데 어찌나 세게 돌아가던지 온몸이 덜덜 떨려서 누가 옆에서 좀 잡아 줬으면 싶을 정도였다. 마지막으로 제조장 문 앞에서 아주 뜨거운 물에 손이 익을 정도로 씻고 알코올 범벅인 소독제를 로션처럼 발랐다. 병원 무균실도 문제없을 법한 완벽한 소독을 한 다음에야 제조장에 들어갈 수 있었다.

제조장 안은 그야말로 거대했다. 커다란 스테인리스 배트^{vat, 액체 담는 데 쓰는 대형 통}가 아홉 개 있었는데, 다섯 개는 우유를 데우는 데 쓰이고 네 개는 응고된 우유^{커드}를 건져 내 작업하는 데 사용한다고 했다. 이 아홉 개의 배트가 매일 돌아가며 치즈를 만들고 크롭웰 비숍은 1년 내내 새벽 4시부터 오후 5시까지 운영된다.

이렇게 만들어지는 스틸턴 블루 치즈는 다섯 종류, 그중 대표적인 것은 다음 세 종류였다. 클래식 블루 스틸턴Classic Blue Stilton은 살균 우유에 식물성 레닛rennet을 사용해 만드는 치즈로 벨벳 느낌의 부드러운 스틸턴 치즈이며 12주간 숙성시킨다. 오가닉 블루 스틸턴Organic Blue Stilton은 지역의 토양 협회에서 인증받은 유기농 우유에 식물성 레닛을 사용해 만드는 치즈로 역시 12주간 숙성시킨다. 트레디셔널 레닛 블루 스틸턴Traditional Rennet Blue Stilton은 살균 우유에 동물성 레닛을 사용해 만드는 가장 일반적인 스틸턴 치즈로 숙성 기간은 15주 이상이다.

치즈가 만들어지는 과정을 그 어떤 치즈라 해도 단순화하면 이렇다. 우유를 준비한다. 산을 넣어 단백질을 응고시킨다. 응고된 덩어리를 건져 내 수분을 제거하고 모양을 잡는다. 마지막으로 저장고에서 숙성시킨다. 이 중 우유를 응고시켜 수분을 제거한 덩어리를 치즈 틀에 담기까지의 초기 과정을 이곳에서는 '우유 작업'이라고 했다.

크롭웰 비숍에서의 처음 며칠 동안은 종일 배트 앞에 서서 우유 작업만 보는 시간이었다. 젖소를 키우지 않아 근교 농장들로부터 우유를 공급받는데 일반 우유와 유기농 우유를 따로 받는다. 이 우유는 제조장 옆 건물의 우유 처리실에서 고온 살균을 거쳐 매일 새벽 6시에 파이프를 통해 각각의 배트에 공급된다. 이때 유의할 점이 있다. 유기농 치즈오가닉 블루 스틸턴를 만드는 날은 유기농 우유를 가장 먼저 파이프로 흘려보내야 한다. 일반 우유에 유기농 우유가 섞이는 건 상관없지만 유기농 우유에 일반 우유가 섞이면 유기농으로 인정받을 수 없기 때문이다.

우유가 배트에 채워지면 산성도를 측정한다. 기준 산성도는 1.15~1.38%로 이를 바탕으로 우유에 첫 번째 첨가제인 스타터starter, 즉 발효에 필요한 유산균을 넣는다. 매일 들어오는 우유의 산성도는 조금씩 달라지는데 그날의 우유 산성도가 기준보다 낮을 땐 스타터 양을 늘리고 기준보다 높을 땐 스타터 양을 줄이는 방식이다. 배트에 채워진 우유는 자그마치 1만 2000L였고 여기에 넣는 스타터는 고작 80mL였다. 1L짜리 우유가 1만 2,000개나 들어간 통에 작은 요구르트 용량의 균이 들어간 것이니 우유 산도 변화에 스타터의 양 또한 극소량만 움직였다.

푸른색 액체, 이것이 바로 블루 치즈를 블루 치즈로 만들어 주는 페니실리움 로크포르티균이다. 내가 크롭웰 비숍의 치즈 제조 과정을 꼭 보고 싶었던 이유도 바로 페니실리움 로크포르티균이 치즈 제조 과정 중 어떻게 적용되는지 확인하기 위해서였다. 주사기에 균을 넣어 치즈에 주입한다는 얘기도 들었고, 치즈에 구멍을 내

∧ 페니실리움 로크포르티균이 치즈 제조 과정 중 어떻게 적용되는지 정말 궁금했지만
   1L 정도의 물에 균 원액을 섞어 우유에 부어 넣는 것이 끝이었다.

면 푸른곰팡이가 저절로 생긴다는 얘기도 들었다. 자료를 찾아볼 때에도 스틸턴 치즈에 푸른곰팡이균이 쓰인다는 내용만 있지 균이 제조 과정 중 언제 어떻게 들어가는지는 찾지 못했기에 꼭 확인하고 싶었다. 그렇게 궁금하고 신비롭게 생각한 과정이었는데 이렇게 순식간에 우유에 부어 버리고 끝이라니. 1L 정도의 물에 균 원액을 섞어 우유에 부었지만 그리고 그 비율이 궁금했지만 살필 겨를은 없었다. 나중에도 이 비율은 비밀인 듯해 더 이상 묻지 않았다.

"저어 볼래요?"

한참 동안 배트 옆에 서서 지켜만 보고 있던 치즈 메이커 야렉 Yarek 이 내게 우유 저을 기회를 주었다. 우유를 젓는 이유는 스타터가 우유 속에 골고루 섞이도록 하는 것과 동시에 스타터를 넣은 후 바로 우유에 붓는 푸른색 액체를 잘 섞기 위해서였다. 나는 야렉이 건네준 긴 막대기로 페니실리움균이 아주 잘 퍼지도록 우유를 힘껏 저었다. 1만 2000L의 우유에 파란 잉크처럼 떠다니던 푸른색 균은 순식간에 우유 속으로 흡수되어 자취를 감췄다.

"노를 젓는 기분이에요."

내 말에 야렉은 의아한 얼굴로 돌아봤다.

"이걸 저을 때마다 출렁거려서 꼭 우유 바다 위에 떠 있는 기분이에요."

우유를 젓는 그 짧은 순간 크림 향 가득한 우유에 둘러싸여 있는 내가 얼마나 황홀한 기분이었는지 설명해도 그는 몰랐을 것이다. 수년 전 처음 치즈를 찾아다니던 때의 기억들까지 모두 끄집어내는 묘한 시간이었다.

스타터와 페니실리움균을 넣고 15분이 지나면 우유를 응고시켜 주는 레닛을 넣는다. 레닛을 넣으면 액체였던 우유는 흡사 순두부 같은 형태로 응고되는데 그 응고된 덩어리들을 건져 내 굳힌 것이 바로 치즈다. 크롭웰 비숍에서는 치즈 종류에 따라 전통적인 동물

성 레닛뿐 아니라 채식주의자를 위한 식물성 레닛을 골라서 사용한다.* 이날은 오가닉 블루 스틸턴을 만드는 날이었기에 식물성 레닛을 사용했다.

야렉은 먼저 커다란 양동이에 물 8L를 채운 후 여기에 식물성 레닛 750mL를 넣었다. 그리고 이 희석시킨 레닛을 우유에 부어 넣곤 재빨리 젓기 시작했다.

"레닛을 넣으면 응고 반응이 바로 시작되니 짧은 시간 안에 우유 속을 골고루 저어야 해요. 섞는 시간은 단 2분이에요."

야렉은 긴 막대기를 든 채 길이가 10m나 되는 배트를 구석구석 꼼꼼히 휘저으며 두 바퀴를 돌았다.

"이제 좀 쉴까요? 아침 먹으러 가요."

이틀째부터는 나도 다른 이들처럼 새벽에 출근해 오후에 퇴근하

---

*   동물성 레닛은 송아지의 위에서 추출한 산, 식물성 레닛은 무화과 등의 식물에서 추출한 산으로 만든다. 식물성 레닛으로 만들면 채식주의자를 위한 치즈로 분류된다. 식물성 레닛은 동물성 레닛보다 산성도가 4배가량 높아 동물성 레닛 기준 4분의 1 정도 되는 양만 사용한다.(레닛 제조사에 따라 차이가 있기 마련이지만 보통 식물성 레닛이 동물성 레닛보다 산성도가 높다.) 그렇지만 치즈의 풍미는 동물성 레닛으로 만든 경우가 더 좋다고 한다.

는 일정을 같이했다. 익숙하지 않은 노동에 금세 지쳐 우유가 응고되는 동안의 휴식 시간을 누구보다도 기다렸다. 처음엔 아침을 먹자고 하기에 구내식당이라도 있는 줄 알았건만 전혀 아니었다. 작지 않은 회사 규모에 비하면 야박하게도 음식을 먹을 만한 곳은 휴게실이라 불리는 작은 공간뿐이었다. 그곳에 있는 건 테이블 몇 개와 물을 끓일 수 있는 전기 주전자, 홍차 티백 그리고 차가운 우유만 들어 있는 냉장고가 다였다. 영국이라 어딜 가든 풍족한 건 홍차였는데, 쉬는 시간에 사람들은 홍차에 우유를 약간 섞은 밀크티 한 잔에 집에서 챙겨 온 퍽퍽한 샌드위치를 먹곤 했다. 크롬웰 비숍은 워낙 외진 작은 마을에 있어서 근처에 식당 하나 찾기 어려웠고 아무것도 모른 채 빈손으로 갔던 첫날은 물로 하루를 연명하다 거의 기절 직전에야 호스텔로 돌아왔다.

우유가 응고되기까지 2시간을 기다린 후 아침 9시에 작업이 다시 시작됐다. 야렉은 배트 앞에 서서 응고된 우유에 손등을 살짝 댔다가 떼며 말했다.

　　"해 볼래요? 손등을 우유에 살짝 대봐요. 우유 덩어리들이 묻어　　나지 않으면 잘 응고된 거예요."

손등에 살짝 닿은 응고된 우유는 찰랑거리는 푸딩 같았는데 이렇게 응고된 우유를 커드라고 한다. 커드에서 맑은 우유물만 묻어나는 걸 보니 응고가 잘된 모양이었다. 응고가 될 되었다면 우유 덩어리들이 깨지면서 손등에 묻어난다. 크롬웰 비숍의 배트는 이제까지 내가 본 배트 중 가장 길고 거대했는데 야렉은 배트의 이쪽 끝에서 저쪽 끝까지 골고루 응고됐는지 확인하기 위해 곳곳에서 커드를 손등을 올려 보았다. 모든 확인 작업이 끝난 후 그제야 다음 작업이 시작되었다.

"이건 커드를 자르는 나이프인데 줄의 간격이 1.8cm예요."

야렉이 보여 준 커드 나이프는 폭이 60cm쯤 되는 스테인리스로 만들어진 사각 틀에 철사가 1.8cm 간격으로 엮여 있었는데, 철사 방향이 가로로 엮인 것과 세로로 엮인 것 두 종류였다. 각각을 배트 깊이 집어넣어 한 번씩 지나가면 커드 덩어리가 가로세로 1.8cm인 정육면체로 잘린다. 이 커드 나이프의 철사 간격은 치즈 종류에 따라 달라진다. 수분이 많은 치즈를 만들 때는 간격이 넓은 나이프를 써서 커드를 크게 자르고, 건조하고 단단한 치즈를 만들 때는 간격이 촘촘해 커드를 거의 쌀알만큼 작게 자를 수 있는 나이프를 쓴다. 커드 덩어리가 작을수록 커드 속 수분이 빨리 빠져 커드가 단단해지기 때문이다.•

•   치즈 종류에 따라 커드 크기가 달라진다. 카망베르는 연성 치즈로 커드를 국자로 떠내어 치즈 틀에 바로 넣는다. 그리곤 커드 속 훼이가 천천히 빠져 나가게 이틀 동안 둔다. 반면 에멘탈, 그뤼에르는 경성 치즈로 커드를 쌀알 크기 정도로 자른 후 훼이를 분리한 후 치즈 틀에 넣는다. 그다음 압력 기계에 넣어 치즈를 눌러 커드 속 훼이를 한 번 더 빼낸다.

커드 나이프는 스테인리스로 만들어진
사각 틀에 철사가 엮여 있어
일정한 크기로 커드를 잘라 준다.

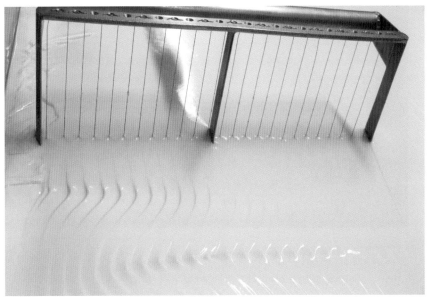

∧ 커드 덩어리가 빠져나가지 않도록 그리고 커드 때문에 배수구가 막히지 않도록 배트 끝에 철망을 걸어 배수한다.
그리고 배수구에 긴 파이프를 꼽아 유청이 바닥이 아닌 중간에서 빠지게 한다.
파이프 중간에는 몇 개의 구멍이 뚫려 있는데 배수의 유량을 조절하기 위함이다.

커드를 자른 뒤 배트는 그대로 1시간 반을 둔다. 그러면 무거운 커드는 배트 바닥으로 가라앉고 위에는 남은 우유의 수분, 즉 훼이whey, 맑은 우유 물만 남는다. 이제 훼이를 분리하는 작업을 할 차례다. 먼저 배트에 파이프를 연결해 커드와 훼이를 다른 배트로 옮긴다. 여기서 훼이를 옮기는 이유는 커드만 건져 내 치즈를 만들 것이기에 좀 더 깊이가 얕은 배트에서 수월하게 작업하기 위해서다. 얕은 배트로 모두 옮기고 나면 커드만 남도록 훼이를 배트 밖으로 빼내는데 처음엔 훼이가 콸콸 쏟아져 나가도록 배수구를 열어 놨다가 훼이가 절반가량 남았을 즈음부터는 아주 조금씩 빠져나가게 배수구를 막아 버린다.

"이제 끝났어요. 이대로 그냥 두면 돼요."

'이게 끝이라고? 커드를 건져 내려면 배트에 남은 훼이를 빨리 빼야 하는 게 아닌가?' 지난 수년간 봐 온 치즈 제조 과정에서는 우유가 응고되면 배트에서 훼이를 빼내고 커드를 건져 치즈 틀에 넣기 바빴다. 이를테면 카망베르같이 말랑말랑한 치즈는 배트에서 커드를 건져 바로 치즈 틀에 넣고 하루 이틀 동안 커드 속의 훼이가 천천히 빠져나가도록 두었다. 에멘탈이나 그뤼에르같이 단단한 치즈들 역시 커드를 건져 바로 치즈 틀에 넣고 기계나 돌로 눌러 커드 속의 훼이를 인위적으로 빼냈다. 그렇지만 스틸턴은 커드를 치즈 틀이 아닌 배트에 그대로 놔둔 채 하룻밤을 보내며 훼이를 천천히 빼낸다고 했다. 그렇게 급작스레 스틸턴 제조 1차 과정이 끝났다.

치즈 틀 작업: 후프에 커드 넣기

다음 날 아침, 커드는 매트리스처럼 배트 가득 평평하게 펼쳐져 있었다. 가득 차 있던 훼이가 다 빠져나가 순두부 같았던 어제와는 달리 단단한 모두부 같은 질감이었다. 야렉이 배트 앞에 서 있는 내게 다가오더니 커드를 조금 떼어 내 보여 주었다.

> "커드가 잘 나왔네요. 이렇게 아침까지 촉촉하려면 전날 훼이 빼내는 양을 잘 조절해야 돼요. 너무 빨리 훼이가 빠져나가면 아침에 커드가 다 말라버리죠."

어제까지만 해도 우유 향 가득했던 커드는 하룻밤 새 발효되어 시큼한 향을 풍기고 있었다. 몸에서 훼이를 빼냄과 동시에 따뜻한 실내 기온을 이용해 젖산을 생성시키며 아침까지 수분을 잃어버리지 않으려고 아주 바쁜 밤을 보낸 것이다. 아주 부지런하고도 기특한 커드였다.

바로 그때, 핀셋과 작은 봉투가 담긴 바구니를 든 인물이 등장해

<　전날 만들어 둔 커드는
균 상태와 산성도 검사에서
통과되어야 다음 작업을
진행할 수 있다.

회진하는 의사처럼 작업장을 순회했다. 연구실의 헤더^{Heather}였다. 그녀가 하는 일은 배트에 가득 담겨 있는 커드에 온도계를 꽂아 내부 온도를 측정한 후 훼이와 커드를 조금씩 채취해 균 상태와 산성도 등을 검사하는 것이었다. 크롭웰 비숍에서는 제조 과정 처음부터 마지막까지 연구원들의 검사를 통해 치즈를 관리하기 때문에 헤더의 작업장 회진은 중요한 일과였다. 연구실로 가져간 샘플이 모든 기준을 통과하면 제조장으로 연락이 오고 마침내 커드를 치즈 틀에 넣는 작업이 시작된다.

커다란 분쇄기가 작업장에 들어와 배트 옆에 세워졌다. 배트에서 하룻밤을 보낸 커드는 조직이 단단하게 뭉쳐 있어서 커다란 블록으로 잘라 들어 올려도 부서지지 않았다. 그 커드 블록을 바로 분쇄기에 밀어 넣었다. 커드를 땅콩만 한 크기로 갈아 한 컵의 소금과 섞은 후 비로소 치즈 틀에 부어 넣는데 소금은 커드 양의 25%가량이 들어간다. 이날은 11.20kg의 분쇄된 커드에 290g의 소금이 섞였다.

이를 다시 후프hoop라 불리는 반투명 플라스틱 통에 부어 넣었다. 긴 원통형에 위아래가 뚫려 있는 모양새라 그렇게 부르는 듯했다. 후프에 넣는 커드의 양이 워낙 많아 건장한 남성 작업자들도 끙 소리를 내며 작업을 했다. 후프에 들어간 커드는 소금의 삼투압 현상으로 몸속에 남은 훼이를 계속 빼내는데 일주일이 지나면 무게가 1~3kg가량 줄어든다. 완성된 스틸턴 치즈 무게가 7~8kg인 것을 감안하면 상당량의 수분을 초기에 빼내는 것이다.

한참 소금이 섞이고 있는 커드를 바라보고 있자니 우유 향 가득한 팝콘 앞에 서 있는 듯 입 안에 침이 고였다. 내가 맛을 봐도 되는지 묻자 사람들은 "물론!"이라고 말했다. 그런데 맙소사. 절로 얼굴이 찌푸려질 만큼 짠 게 아닌가! 그런 나를 보고 다들 '걸려들었구나' 하는 얼굴로 박장대소했다. 그러고는 바로 소금이 섞이지 않은 밍밍한 커드를 내밀며 입 안을 헹구라고 했다.

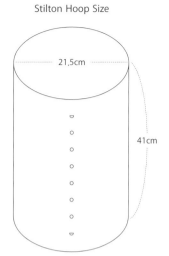

Stilton Hoop Size

21.5cm

41cm

∧ 높이는 41cm, 직경은 21.5cm인 후프.
   훼이가 빠져나올 수 있게 몸통에 작은 구멍이 48개 나 있고,
   같은 이유로 위아래 또한 뚫려 있어 납작한 네모 받침을 따로 쓴다.

∧ 6개 라인에 8개의 구멍이 뚫려 있고,
   제일 윗면과 아랫면에는 반달 모양의
   구멍이 있다.

소금이 잔뜩 섞인 커드가 짠 줄 알면서도 그 달달한 우유 향에 못
이겨 이후로도 몇 번이나 커드를 집어 먹곤 했는데, 그때마다 치
즈의 소금 비율을 생각했다. 우리는 보통 음식에 짠맛을 내기 위
해서 아니면 음식 속 수분을 제거해 부패를 방지하기 위해서 소
금을 사용한다. 어쨌거나 발효 또한 미생물의 작용인데 그 미생
물 작용을 촉진하기 위해 치즈 제조에 소금을 쓰는 게 의외일 수
도 있다. 치즈 제조에서 소금은 젖산 발효를 돕는 역할을 한다. 절
임 음식을 만들 듯 소금을 많이 사용해도 안 되고 젖산 발효가 일

1 커드가 두부처럼 굳은 모습.
2 커드를 소금에 섞음.
3 후프에 담는 모습.
4 후프에 담긴 커드.
5 커드가 담긴 후프를 주기적으로 뒤집어 주는 모습.

어나지 않을 정도로 약하게 써서도 안 된다. 이곳의 커드 역시 짜 긴 하지만 혀가 아릴 정도는 아니었다. 그 절묘한 비율이 치즈 제 조의 비법인 것이다. 그 비율을 오래전부터 알고 스틸턴 치즈가 지금까지 이어질 수 있도록 한 것이 바로 이들의 발효 과학이었던 셈이다.

커드를 채운 후프는 4일 동안 23℃를 유지하는 방에 두고, 5일째 되는 날에는 17℃를 유지하는 방으로 옮겨 하루 동안 둔다. 이 기 간 동안 후프 밖으로 흥건할 만큼 많은 훼이가 빠져나오는데 골고 루 빠져나오게끔 하루에 한 번씩 몸체를 뒤집어 줘야 한다.

스틸턴 치즈만의 작업, 러빙업

5일 동안 후프에 담겨 훼이를 몸에서 빼낸 커드는 드디어 치즈라 고 부를 법한 형태가 되었다. 그렇게 후프에 담긴 지 엿새째 되는 날, 스틸턴 치즈가 마침내 후프를 벗어 던진다. 단단한 원기둥 형 태로 굳은 스틸턴 치즈는 표면을 다듬는 작업을 거쳐야 한다. 이 를 '러빙업'rubbing-up, 문질러 닦다이라고 했다. 틀을 벗고 나면 바로 숙 성실로 향하는 여느 치즈와는 다른 스틸턴 치즈만의 공정이다.

이른 아침, 나는 후프가 벗겨지기만을 기다리는 치즈가 가득 쌓인 작업장에 찾아갔다. 그러고는 책임자인 쇼나Shawnna에게 아주 조심스레 다가갔다.

"쇼나, 오늘하고 내일 이 방에서 하는 작업에 제가 참여해도 될까요?"

완고한 성격에 깡마른 쇼나는 나를 2초간 바라보더니 고맙게도 고개를 끄덕여 줬다. 하지만 눈초리가 어찌나 매섭던지 마치 '들어오는 건 허락하지만 작업에 방해되면 바로 쫓겨날 줄 알아요'라고 말하는 듯했다. 나는 사람들이 챙겨 주는 대로 비닐 앞치마와 일회용 라텍스 장갑을 착용하고 얌전히 그들 사이로 들어갔다.

아침 여섯 시 반, 러빙업 작업장의 문이 열렸다. 작업자들은 우선 층층이 쌓여 있는 치즈 중 하나를 꺼내 자기 앞으로 옮기곤 후프부터 빼냈다. 쑥 하고 후프가 벗겨진 치즈는 하얗게 반짝거렸지만 표면은 아주 작은 돌이 전체에 박힌 듯 우둘투둘했다. 소금을 섞어 넣은 커드 조각들의 모양이 그대로 남아 굳었기 때문이다. 분쇄기에 갈아 낸 팝콘 모양의 커드를 소금과 섞으면 삼투압 현상으로 인해 커드 조각들은 남아 있던 훼이를 빼내면서 점차 단단해진다. 때문에 후프 속에 쌓여 압축되며 크기가 줄어들어도 원래의 팝콘 모양은 그대로 유지되어 치즈 조직은 흡사 구슬이 불규칙하게 쌓인 것처럼 만들어진다. 만약 커드에 소금을 섞지 않았다면 밀가루 반죽처럼 한

∧ 러빙업 작업에 열중인 책임자 쇼냐.

덩어리로 뭉쳤을 것이다. 이렇게 작은 구멍이 많아 공기가 쉽게 드나들게 되면 수분이 금방 증발하고 숙성 속도가 빨라진다. 이를 막기 위한 작업이 바로 러빙업이다.

러빙업은 그저 표면을 예쁘게 다듬는 작업이 아니다. 치즈 표면에 나 있는 수많은 작은 구멍들을 문질러 메꿈으로써 치즈 속으로 공기가 통하는 것을 막기 위한 작업이다. 작업자들은 납작한 나이프로 문질러 표면을 매끈하게 만드는데 다들 손놀림이 생크림 케이크 다듬듯 부드럽고 가벼웠다. 그리고 어느 정도 마무리가 되자 치즈를 뒤집어 바닥면까지 꼼꼼히 문질렀다. 거칠었던 치즈 한 덩이가 순식간에 크림을 반듯하게 발라 놓은 케이크처럼 바뀌었다.

작업을 지켜본 지 30분이 지났을 때 마침내 내게도 나이프가 쥐어졌다. 러빙업 작업을 위한 나이프는 생긴 것도 꼭 생크림을 얹을 때 쓰는 스패츌러^{spatula}처럼 납작하고 길었다. 첫 번째 치즈가 내 앞에 놓였다. 그러나 지켜봤던 것과 달리 후프는 쉽게 벗겨지지 않았고, 힘으로 흔들어 대자 치즈 표면이 부서져 결국 다른 작업자가 도와줬다. 설상가상으로 나이프로 치즈 표면을 문지르려 하면 커드가 우르르 떨어져 나갔다. 아무리 옆 작업자들과 비슷하게 나이프를 사용해도 그들의 치즈처럼 표면이 매끈해지지는 않았다. 빠른 손놀림이 필요한 이 작업은 어깨를 시작으로 팔뚝을 지나 나이프를 지지하는 검지손가락까지 체계적인 힘 조절을 요구했다.

우여곡절 끝에 표면을 문지르는 것이 아니라 거의 깎아 밀어내듯 조각을 한 후에야 비로소 그 하얀 케이크 모형을 뒤집을 수 있게 되었다. 그런데 아뿔싸! 그것은 물 먹은 10kg의 돌덩이나 마찬가지였다. 결국 후들후들 떨리는 내 팔로는 감당이 안 돼서 또다시 옆에 있던 작업자가 뒤집어 줘야 했다. 내가 어설프게나마 표면을 제대로 깎아 낼 수 있게 된 때는 작업을 시작한 지 5시간이 지나서였다. 치즈 아랫부분에는 아직 덜 빠져나간 훼이가 몰려 있는 반면 윗면은 건조하고 단단했다.물이 위에서 아래로 흐르듯 수분은 치즈 하단으로 계속 몰린다. 때문에 건조한 윗부분은 엄청난 힘을 들여야 했지만 대신 수분이 몰려 있는 아랫면은 약간의 힘으로도 표면을 매끈하게 다듬을 수 있었다.

러빙업 작업을 하고 있는데 표면에 푸른곰팡이가 번지는 것이 보였다. 이 곰팡이는 수분이 몰린 부분에 집중적으로 나타났다. 수분은 치즈 아랫면으로 향하기 마련이니 곰팡이 역시 치즈 아랫면에서 먼저 번진다. 요컨대 치즈를 하루에 한 번 뒤집어 주는 건 수분을 따라 이동하는 푸른곰팡이를 골고루 퍼지게 하려는 이유도 있었다. 하얀 치즈 표면을 다듬는 데 집중하던 중 이 단순한 원리를 깨닫자 치즈 숙성의 아주 결정적인 단서를 잡아낸 듯 눈이 번쩍 뜨였다. 러빙업 나이프는 던져 버리고 불쑥 얻은 깨달음을 놓치기라도 할까 봐 노트에 마구 적기 시작했다. 그러자 옆에서 한마디씩 날아오기 시작했다.

∧   러빙업 전(오른쪽)과 러빙업 후(왼쪽) 치즈 표면이 달라진 모습.
∨   러빙업이 완료된 치즈를 살펴보면 수분이 몰려 있는 곳에 푸른곰팡이도 모여 있다.

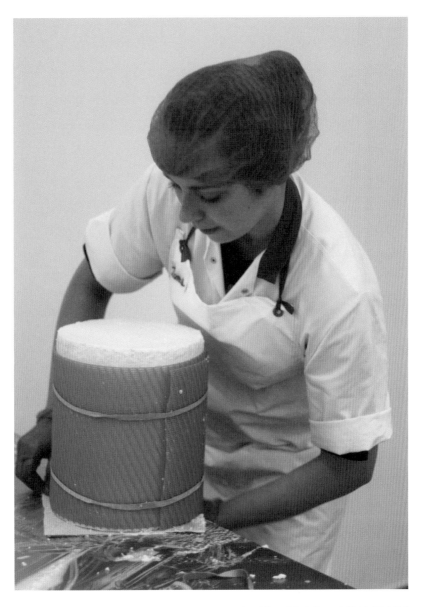

∧ 수분이 너무 많은 스틸턴 치즈는 무너짐을 방지하기 위해
   플라스틱 망사를 열흘 정도 감아 둔다.

"민희, 혹시 팔 아파서 메모하는 척하는 거 아냐?"

"아니야! 아니라니까! 난 정말 중요한 걸 적고 있다고!"

강력한 부정의 손사래를 쳤지만 그래, 실은 팔이 떨어져 나갈 것 같은 이 작업을 잠시라도 멈추고 싶었다. 러빙업 나이프를 다루는 미세한 스냅은 어느새 손에 익었고 첫날 내 작업량은 스무 개나 됐다. 결국 오후가 되자 오른손 검지손가락은 검붉게 부풀어 올랐고 팔은 어깨에서 탈골된 것처럼 따로 흔들렸다. 하얀 케이크인 척하는 돌덩이에 속아도 단단히 속은 러빙업 작업은 이튿날까지 이어졌다.

완벽한 치즈를 위한 7단계 숙성

이른 새벽 크롬웰 비숍에 가려고 호스텔 출입문을 열었더니 문 앞 계단에 스페인 친구가 앉아 있었다.

"설마 밤새 여기 있었던 건 아니죠?"

호스텔은 보안을 위해 밤에는 출입문을 잠가 두기 때문에 늦게 돌아오면 안으로 들어올 수가 없었다.

"아르바이트하다 늦었는데 당신이 일찍 나가는 걸 알고 있어서 그냥 기다렸어요."

노팅엄은 유명 관광지가 아닌 작은 소도시여서 호스텔에는 여행자보다 일하러 온 사람들이 많았다. 북아일랜드에서 온 사람이 몇 있었고, 그보다는 스페인에서 온 이들이 꽤 많았는데 그들은 보통 2주 이상 혹은 한 달 넘게 머물렀기 때문에 대부분 서로 얼굴을 알고 지냈다. 저녁 시간에는 식탁에 둘러앉아 이야기를 나누며 음식을 먹었고, 주말 밤엔 다 같이 호스텔 거실 소파에 늘어져 영화를 봤다. 서로가 서로에게 친절했고 누군가 새로 입실하면 호스텔 직원보다 더 빨리 마중 나가 가방을 받아 주었다. 돌이켜 보면 노팅엄 기억의 절반은 이글루호스텔의 따뜻함이었다.

한여름이지만 한기가 느껴지는 새벽 5시 반이면 호스텔을 나섰다. 제대로 떠지지 않는 눈으로 행여 옆 침대 사람들이 깰까 조심조심 짐을 챙기고 주방에서 우유에 시리얼을 말아 아침 먹는 건 물론 점심 도시락으로 샌드위치까지 만들었다. 일상은 어느새 출근하는 직장인처럼 정확하게 돌아가고 있었다.

크롭웰 비숍의 작업장에 들어갈 때도 흰 가운을 사이즈에 맞게 찾아 입고, 머리에 망을 쓰고, 고무장화를 세척 솔에 벅벅 문지른 다음 알코올을 손에 바르는 그 번잡한 소독 과정을 익숙하게 해결했다. 레닛을 부은 우유가 응고되는 동안 다른 사람들과 함께 휴게실에 모여 앉아 BBC 라디오를 들으며 밀크티를 마시는 것이 자연스러워졌다.

작업장 안에서와 달리 흰 가운을 벗은 사람들은 집안일이라든가 옆집 때문에 성질이 났다든가 하는 소소한 일상을 이야기했고, 나는 가만히 함께 앉아 있는 것만으로도 외국 영화 속에 들어와 있는 듯한 느낌이 들었다. 이상하게도 그 모습은 영화 〈쇼생크 탈출〉에서 등장인물들이 시원한 맥주를 마시며 여유를 만끽하던 장면과 겹쳐 보였다. 이들이 고된 노동 속에 나누는 평범한 대화는 영화에서처럼 애처로우면서도 더할 나위 없이 따뜻했다. 마냥 이방인 같던 내게도 크롬웰 비숍에서의 일상이 점점 익숙해졌다.

　"민희, 오늘은 뭐 할 거야?"
　"숙성실에 온종일 앉아 있을 거야."

치즈 메이커 야렉은 나보다 한 살 어린 또래여서 금세 친구처럼 지내게 되었다. 새벽에 크리머리에 도착하면 가장 먼저 그날의 일정을 함께 이야기하곤 했다. 그는 폴란드에서 2007년에 영국으로 이주했다. 폴란드의 임금이 낮아 맞벌이를 해도 생활이 빠듯했기 때문이라고 했다. 영국에서 좋은 점은 야렉 혼자 일을 하고 아내는 아이들만 돌봐도 생활이 가능한 것이라고 했는데, 최근에는 대출을 많이 받았지만 집도 장만했단다. 그래서인지 크롭웰 비숍의 작업자들 대부분이 이주민들, 특히 폴란드인이 많았다. 때문에 작업장 곳곳에는 영어와 폴란드어가 동시에 표기되어 있었다. 영국에서도 힘든 일은 점점 이주 노동자들이 맡아 가는 흐름이어서 그들에게 조금씩 마음이 쓰였다.

"도대체 뭐가 뭔지 모르겠어. 아니, 무슨 숙성실이 아홉 개나 되는 거야? 그리고 있잖아, 5번 방은 눈이 매워서 죽는 줄 알았다니까."

야렉은 내 목에 걸린 투명한 고글의 용도를 그제야 이해하곤 대체 어디서 구한 거냐고 물었다.

"5번 방 구경하러 갔다가 내가 눈을 못 뜨니까 핑키 아저씨가 챙겨 줬어. 어, 배트에 우유 거의 다 채워졌겠다. 바쁘니까 그만 갈게."

이제 레닛을 넣어야 하는 바쁘고도 번잡한 시간이기에 나는 얼른 자리에서 일어났다. 그리고 그 우스꽝스러운 플라스틱 고글을 써 보였더니 야렉이 웃겨 죽겠다는 듯한 표정으로 엄지를 치켜들었다.

크롭웰 비숍의 숙성실은 아홉 개다. 숙성실은 '방'room이라 불렸는데, 1번부터 9번까지 숫자가 붙여져 있다. 치즈는 숙성 정도에 따라 아홉 개의 숙성실을 이리저리 옮겨 다닌다.

후프에 담긴 커드가 처음 머무는 곳은 3번 방이다. 습도 88%, 온도 23℃의 이 방에서 매일 한 번씩 뒤집으며 몸속의 훼이를 빼내

∨ 7번 방의 치즈는 흰 외피가 건조되면서 노란빛을 띠는 껍질로 변해 갔다.
　그리고 그 노란 껍질 위로 옅고 하얀 곰팡이가 덮이기 시작했다.
　스틸턴은 수분을 따라 곰팡이가 이동하기에 고른 발효를 위해 주기적으로 치즈를 뒤집는다.
　무게가 8~9kg나 되는 치즈를 뒤집을 때마다
　혹여 눌릴까 깨질까 조심스러움까지 동반되는 고된 작업이다.

고, 닷새째 되는 날 1번 방으로 옮겨 17℃의 조금 낮은 온도에서 몸을 차갑게 굳힌다. ^{사실 3번 방과 1번 방은 숙성실이라기보다는 보관실이다.} 엿새째에는 후프를 벗고 러빙업 작업을 끝낸 다음 2번 방이나 4번 방으로 옮겨져 열흘간 머문다. 습도는 90%, 온도는 20℃를 유지하는 이 방들은 아직 아기 같은 치즈의 달달한 우유 향으로 가득했다. 수분이 많아 조직은 질척했지만 푸른곰팡이가 나뭇가지처럼 뻗어 나가는 모습을 선명하게 드러내 치즈에게 무슨 일이 일어나고 있는지 알 수 있었다.

이어지는 7번 방으로 옮기는 날은 만든 지 16일째로 방의 습도는 90%에 온도는 18℃다. ^{2번, 4번 방에 비해 온도만 2℃ 낮다.} 앞의 숙성실과 마찬가지로 열흘간 머무는 이 방에서 치즈는 흰 외피가 건조되면서 노란빛을 띠는 껍질로 변해 갔다. 그리고 그 노란 껍질 위로 옅고 하얀 곰팡이가 덮이기 시작했다. 하지만 아직은 발효 속도가 느려서 그런지 은은한 우유 향에 평화로운 공기가 맴돌았다. 바로 전 과정에서 수분을 거의 빼고 와서 그런지 치즈는 상큼하게 촉촉한 상태였다.

7번 방에서 열흘을 보낸 치즈는 이제 5번 방으로 옮겨져 다시 일주일을 머문다. 아홉 개 숙성실 중 가장 맹렬하게 눈이 매운 곳, 나는 이곳에서 고글을 쓰고 다녀 다른 작업자들을 웃기곤 했는데 그건 매운 암모니아 가스 때문이었다. 습도 82%에 온도 16℃를 유지하는 이 방에서 치즈들은 발효의 최고점에 달한 듯 강한 암모니아 가스를 뿜어 댔다.7번 방에 비해 습도는 8% 낮고, 온도는 2℃ 낮다. 암모니아뿐만이 아니었다. 치즈는 마치 자기가 얼마나 열심히 발효되고 있는지 보여 주려는 듯 온몸에 곰팡이를 두껍게 피워 냈다. 곳곳에 영역을 확보하듯 치즈 위에 곰팡이가 그려 내는 선도 명확했다. 하지만 그 모습은 기가 막히도록 아름다웠다. 폭신폭신한 목화솜처럼 피어오른 곰팡이는 치즈를 감싸듯 덮어 발효 기간 중 최고의 모습이었고 그건 치즈에 사용하기엔 맞지 않는 '자태'라는 단어로도 부족한 모습이었다. 다만 아쉬운 점이 하나 있었는데 옅은 노란색 껍질이 분홍색을 띠면서 치즈의 안과 겉이 명확히 구분되어 이때부터는 치즈 안에서 무슨 일이 일어나는지 전혀 알 수 없다는 것이었다.

이제 커드가 된 지 34일째, 후프에 담긴 지 33일째가 된 치즈는 6번 방으로 옮겨져 일주일간 머문다. 치즈는 이때부터 아주 못생겨지기 시작한다. 여전히 곰팡이에 온몸이 둘러싸여 있긴 하지만 5번 방에서처럼 예쁜 분홍빛에 화사한 목화솜 같던 곰팡이는 온데간데없이 아주 칙칙한 갈색으로 돌변한다. 어린아이에서 아름다운 청년을 지나 원숙한 어른으로 되어 가는 것이다. 6번 방은 5번 방과 비슷한 환경이다. 온도는 16℃로 같고 습도만 2% 낮은 80%다. 이 정도의 차이로 치즈에 무슨 변화가 있을까 싶은데, 이 6번 방에서 치즈 온몸에 아주 많은 구멍을 내는 '피어싱'piercing

곰팡이가 목화솜처럼 만개한 모습

작업을 한다. 발효가 거의 멈춘 시점에 물리적인 변화를 주는 것
이다.

곰팡이에게 길 터 주기, 피어싱

작업장에서 후프 작업을 하기 전에 연구실의 헤더가 샘플을 채취
하고 다녔듯, 숙성실 또한 연구실의 검사와 관리하에 있었다. 담당
자인 애나^Anna^는 항상 치즈 아이언을 들고 다니며 숙성 중인 치즈
들을 테스트했다. 모든 치즈를 테스트하는 것은 아니고 테스트용
샘플이 따로 있었는데 각 배트에서 만들어지는 치즈 양의 10%다.
가령 7월 9일 3번 배트에서 치즈 60개가 만들어지면 그중 6개가
샘플로 지정되고, 이 샘플 치즈에는 붉은 플라스틱을 꽂아 쉽게
찾을 수 있게 해 둔다. 치즈가 쌓여 있는 선반에는 날짜와 함께 배
트 번호를 꼭 표기하는데 그날 제조에 사용된 우유와 레닛의 종류
를 메모한 정보가 들어 있기 때문이다. 애나는 이 샘플 치즈에 치
즈 아이언을 깊숙이 꽂아 한 바퀴 돌린 후 빼냈다.

> "이 숙성 단계에서는 치즈 안쪽을 볼 수 없으니 이렇게 빼내서
> 저 안에서 무슨 일이 일어나고 있는지 검사하는 거예요. 발효
> 상태나 부패 여부나 질감 등을요."

∧ 치즈 테스트 중인 애나. 치즈 아이언은 T자 모양의 스테인리스 재질로 치즈 속 발효 상태를 살피는 데 사용된다. *치즈 아이언의 좀 더 상세한 설명은 퀵스의 '농장 치즈를 구입하는 방법' 참조. (p. 163)

내가 애나와 이야기하는 동안 바로 옆에서는 피어싱 작업이 이루어지고 있었다. 피어싱은 치즈 표면에 수많은 구멍을 뚫어 주는 작업이다. 피어싱용 기계 위에 원통형 치즈를 올리면 치즈가 자동으로 돌아가면서 양옆에서 16개의 쇠바늘이 치즈를 찌르고, 총 256개의 구멍을 뚫는다.

∧ 피어싱용 기계.
스테인리스 소재 바늘이 들어 있는 두 개의 네모난 상자와 가운데 둥근판이 있는 구조다.
판 위에 치즈를 올리면 자동으로 둥근판이 돌아가며 양옆에서 쇠바늘이 나와 치즈를 찌른다.

피어싱 기계가 쓱싹쓱싹 소리를 내며 치즈를 찔렀다. 아무리 생명 없는 치즈라지만 그 쓱싹거리는 소리가 그리 편하게 들리지 않았다. 그런 감상을 말했더니 애나가 나를 숙성실의 다른 칸으로 데려갔다. 그녀는 피어싱 작업이 끝난 치즈를 찾아내더니 거기에 치즈 아이언을 꽂았다가 빼내 내게 내밀었다.

"보여요?"
"잘 숙성된 치즈가 보이기는 하는데, 뭘 봐야 하죠?"
"피어싱한 자리를 따라 곰팡이가 피어 있는 게 보이죠? 피어싱을 하면 그 구멍으로 공기가 들어가 푸른곰팡이가 퍼져요. 곰팡이에게 길을 만들어 주는 거죠. 피어싱 작업은 푸른곰팡이가 미처 닿지 못한 부분까지 잘 퍼지라고 구멍을 만들어 주는 거예요."

애나는 조금 전에 빼냈던 치즈를 제자리에 다시 꽂아 넣곤 치즈 몸통을 살짝 돌려 구멍이 뚫려 있지 않은 부분에 아이언을 꽂았다가 빼내서 내게 다시 내밀어 보였다.

"여기 이 부분이요. 같은 치즈지만 구멍이 뚫리지 않은 부분은 이렇게 우유만 뭉쳐 있죠. 블루 치즈를 샀는데 푸른곰팡이 없이 하얀 치즈만 먹을 수는 없잖아요."

이 때문에 피어싱 작업을 두 번 거친다고 설명했다. 첫 피어싱 후에 곰팡이가 잘 퍼지도록 일주일을 기다렸다가 두 번째 피어싱을 통해 미처 공기가 닿지 못한 부분까지 구멍을 내 푸른곰팡이를 치즈 곳곳으로 꼼꼼히 보내 주는 것이다. 그리고 이 두 번째 피어싱이 이루어지는 곳이 바로 6번 방에서 일주일을 머문 후에 옮겨 가는 8번 방이었다.

8번 방은 습도를 확 낮춰 68%로 관리되며 온도는 16℃로 변함없다. 치즈는 이곳에서 열흘을 머물며 '나 거의 다 익었어요'라고 말하듯 미미한 암모니아 냄새 속에 달달하게 익은 향을 뿜어냈다. 피어싱을 두 번 받은 몸통에는 완연한 갈색을 띠는 두꺼운 껍질이 덮여 표면이 나무처럼 거칠거칠하다.^{한 번에 256개의 구멍이 뚫리니, 두 번이면 512개의 구멍이 뚫린다.} 색깔도 그렇고 단단함도 그렇고 누군가 통나무를 진열해 놨다고 속여도 믿을 만한 모습이다. 치즈 위아래 면은 몸통을 뒤집을 때마다 바닥에 닿아 곰팡이가 퍼져 나가는 속도가 조금 느렸는데 이제는 만져 보면 끈적임도 없이 건조한 곰팡이 가루가 묻어날 정도였다. 가장 발효가 취약했던 부분까지도 마침내 모두 끝난 것이다.

어찌 보면 구워 놓은 빵 같기도 하고 또 달리 보면 겨울 장작용 통나무를 예쁘게 진열해 놓은 것 같기도 한 스틸턴의 완성된 모습.

끝까지 치열한 치즈

숙성실의 전체적인 흐름은 높은 온도에서 낮은 온도로, 습도 또한 높은 습도에서 낮은 습도로 향한다. 치즈의 발효 상태는 방을 옮겨 갈 때마다 진전되어 2번 방에서 생크림 케이크 같던 하얀 치즈가 8번 방에서는 메마른 통나무 같은 모습으로 나타났다.

이 당연한 듯한 흐름이 턱 막히는 곳이 암모니아 가스로 눈이 매웠던 5번 방이다. 앞선 방들에 비해 온도도 습도도 낮았지만 곰팡이는 최상의 활성도를 보였다. 온도를 높인 곳에서 균을 활성화시키고, 온도를 낮춘 방에서 본격적인 발효를 하는 것이다. 이는 치즈의 발효가 너무 빨리 진행되면 오히려 부패되거나 치즈 풍미가 떨어지기 때문에 이를 막기 위해 온도와 습도를 내려 천천히 발효되도록 하는 것이다. 숙성실을 몇 번 들락거렸다고 해서 치즈를 쉽게 알 수 없다는 사실을 스틸턴에서 확실히 보여 주고 있다.

각 숙성실마다 치즈들은 각자 하고 싶은 말이 있을 텐데 나는 그들이 먼저 말해 줄 때까지 기다리는 수밖에 없었다. 사흘 동안 플라스틱 고글을 끼고 숙성실에서 살다시피 하자 비로소 발효는 무조건 온도만 높인다고 활성화되는 것이 아니며, 온도를 낮춘다고 멈추는 것도 아니라는 곰팡이균 활성의 미묘한 흐름을 깨닫게 해 주고서야 치즈들은 마지막 9번 방으로 나를 보내 주었다.

스틸턴 치즈의 평균 숙성 기간은 12주, 동물성 레닛을 쓴 경우에
는 15주다. 마지막 숙성실인 9번 방에 들어가는 치즈는 그보다 모
자란 숙성 9~10주째로 이 방에서 판매될 준비를 마친 뒤 전국 각
지로 운송되고, 소매점으로 이동하고 판매되는 동안 모자란 숙성
기간 2~3주를 채운다. 9번 방은 사실 숙성을 완성시키는 방이 아
니라 일종의 대기실이다. 이곳에 있는 치즈가 소매점으로 운송되
고 소매점에서 진열·판매되는 과정에서도 치즈는 멈추지 않고
발효된다. 고객이 치즈를 구입할 때 숙성 기간이 딱 맞도록 바로
이 방에서 시간이 계산되는 것이다.

9번 방에는 완성된 스틸턴 치즈가 이동식 선반에 켜켜이 쌓여 있
었다. 판매를 앞둔 이 스틸턴 치즈는 9번 방 책임자이자 치즈 제조
업계에서 30년을 일한 돈Dawn에게 넘어갔다. 그녀가 치즈 아이언
으로 일일이 최종 테스트를 한 후에야 비로소 치즈가 세상 밖으로
나갈 수 있는 것이다.

> "좋은 스틸턴 치즈는 푸른곰팡이가 균일해야 하고 치즈 중심에
> 서 외벽 끝까지 빈틈없이 퍼져 있어야 해요. 치즈 속은 하얀색
> 이 아닌 노란색을 띠어야 하고 조직은 쫀쫀하고 찰진 느낌이어
> 야 하죠."

크롬웰 비숍은 매년 수많은 대회에 참여해 치즈 품질을 인정받고

30년 동안 치즈 일을 해 온 돈은 이제 막 새로운 일을 시작한 사람처럼 열정적으로 치즈를 챙겼다.

있는데 이날도 다음 대회 준비로 정신없이 바빴다. 돈은 바쁜 와중에도 아이언에 뽑혀 나온 치즈를 내게 보여 주며 스틸턴 치즈를 설명해 주었을 뿐만 아니라 방 안이 떠나가도록 큰 소리로 직원들을 불러 지시를 내리기도 했다.

"거기! 그 선반에 있는 스틸턴! 내가 확인하지 않은 건 출고하면 안 돼!"

작업자 중 한 명이 선반을 정리하기 위해 치즈를 잠시 움직인 것인데 행여 테스트한 치즈와 테스트하지 않은 치즈가 섞일까 걱정하는 돈의 깐깐한 목소리는 점점 커졌다. 끝까지 치열해야 세상으로 나올 수 있는 스틸턴 치즈의 마지막 과정까지 보고 나자 마침내 크롬웰 비숍에서의 내 2주가 끝났다는 사실이 실감 났다.

이틀 후, 오랫동안 머물렀던 노팅엄을 떠났다. 매일같이 드나들던 테스코 슈퍼마켓과 웨이트로즈가 있는 길을 지나 떠나기 전날에야 겨우 들어간 카페 네로에서 커피를 마시며 그간의 일들을 정리했다. 이른 새벽에 나가서는 지친 몸으로 돌아와 잠만 자는 생활을 한 탓에 동네에 뭐가 있는지 떠나기 전날에야 눈에 담아둘 수 있었다. 크롬웰 비숍에서 영국 치즈에 입문했으니 이젠 본격적으로 영국 치즈를 볼 차례다. 나는 다음 영국 치즈를 만나기 위해 다시 움직였다. 그리고 곧 말도 안 되는 일들이 다시 시작됐다.

크롭웰 비숍 크리머리

Cropwell Bishop Creamery Ltd.

Cropwell Bishop, Nottingham, Nottinghamshire.

마차를 탄 여행자들의 휴식처, 코칭인

말이 주요 교통수단이었던 시기, 유럽에는 마차를 탄 여행자들을 위한 숙소가 있었다. 코칭인coaching inn, 코칭하우스coaching house, 스테이징 인staging inn 등으로 불렸던 이 숙소는 약 11km마다 있었다. coach는 과거에 4륜 마차를 가리켰다. 당시 이 숙소들은 마을의 기반 시설이었고 어느 지역에서는 10개나 운영되기도 했다. 여행자뿐 아니라 말이 쉴 수 있는 시설도 갖춰져 있었으며 우편배달부들에게는 업무 중 지친 말을 갈아타는 역참이었다. 이런 이유로 업장에 따라 말 관리인이 따로 있기도 했다.

코칭인에서는 숙박과 함께 식사를 판매했는데 1800년대 증기 기관의 발명으로 말 대신 기차가 주요 이동 수단이 되자 숙박의 기능을 상실하고 펍만 운영하게 되었다. 역사가 깊은 펍들은 런던에서 북쪽으로 향하는 그레이트 노스 로드에 많다. 이 길이 당시 런던에서 스코틀랜드의 에든버러Edinburgh까지 연결된 유일한 도로였기 때문이다. 이 길의 시작점인 런던에는 아직도 몇 곳의 코칭인이 남아 있는데, 그중 대표적인 곳이 조지 인The George Inn이다. 조지 인은 1543년의 런던 지도에 표기만 되어 있을 뿐 정확한 설립 연도는 알 수 없으나 최소 500년은 넘은 곳이다. 객실이었던 2층은 현재 갤러리로 사용하며 1층은 펍으로 운영 중이다. 그레이트 노스 로드 옆으로 영국의 메인 고속 도로

인 A1 도로가 개발되어 현재는 국도로만 찾아 들어갈 수 있다.

영국을 다니는 동안 수많은 펍을 봤다. 런던의 펍은 지나칠 때마다 왁자지껄 시끄러워서 으레 술집이겠거니 생각했지만 시골에서 만난 펍은 건물 외벽에 Pub&Inn이라는 숙박 시설 표시가 함께 붙어 있었다. 그러나 대부분 여관은 운영하지 않는 듯 보였고 낮에는 불 꺼진 1층 창문 사이로 식당처럼 보이는 테이블이 있는 공간만 보였다. 그래서 여행 초기에 시골에서는 Pub과 Inn이 같은 의미로 쓰이는 줄 알았다. 저녁이 되면 숙박 시설인 듯 보이는 건물 위층은 여전히 어두웠지만 아래층은 왁자지껄한 술집이

었으니 그렇게 생각했다. 술을 못 마시는 나는 여행 내내 펍에 들어가 볼 생각은 하지 않았고 당연히 그곳의 정체도 알 길이 없었다. 그러다 영국에서 유학했던 친구의 제안으로 시골의 한적한 펍에 들어가게 됐고 그제야 그곳이 내가 생각한 술을 파는 호프집만이 아니라는 사실을 알았다.

'Pub'은 Public House의 줄임말로 말 그대로 '공공의 공간'을 의미한다. 실제로 펍은 끼니때에는 식사를 파는 식당이었고, 그 전후 시간대에는 커피나 차를 파는 카페가 되었으며, 늦은 밤에는 맥주와 안주를 파는 술집이 되었다. 낮에는 아이들을 데리고 산책하다가 잠깐 들리는 동네 사랑방이었

다가 저녁에는 직장인들의 회식 장소였다가 때로는 인근 고등학교에서 펍 앞에 천막을 쳐 놓고 가족들까지 같이 모여 파티를 여는 장소이기도 했다. 달걀 프라이, 베이크드 빈, 블랙 푸딩* 등으로 만든 잉글리시 브렉퍼스트를 편하게 접할 수 있는 곳이자 동네 맛집이기도 한 펍은 수많은 수식어가 따라 붙었다.

1800년대 중반 철도 개발로 코칭인을 운영하던 주인들은 말의 쉼터를 없애고 여관과 펍만 운영했고 종국에는 펍의 기능만 남기게 되었다. 술을 파는 영국의 펍은 원래 허가를 받고 맥주ale, 사과주cider 등의 주류를 팔 수 있는 가게였다고 한다. 맥주를 제조해 판매한 것은 5세기 즈음인데 965년 에드거 왕은 술을 파는 에일 하우스alehouse가 너무 많이 번성하자 "마을마다 에일 하우스를 한 곳만 두라."고 지시할 정도였다고 한다. 1577년 잉글랜드와 웨일즈 전체에 1만 4,202곳의 에일 하우스가 있었다는 조사 결과도 있다. 중세에도 숙박 시설과 연관 없이 펍이 독립적으로 존재한 것이다. 그러나 마차들의 숙소까지 펍으로 변형되면서 필요 이상의 많은 펍이 곳곳에 남게 되었다. 시골로 여행할수록 과거에 숙박 시설도 함께 했었던 펍이 많이 보였고 그리고 몇 곳은 여전히 운영하기도 했다.

•　　곡물에 돼지 피를 넣어 만든 소시지. 우리나라의 순대와 비슷하다.

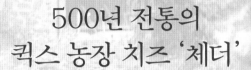

500년 전통의
퀵스 농장 치즈 '체더'

"메리 퀵,
그녀라면 당신을 꼭 도와줄 거예요."

– 남서부 데번주 체더 치즈

비가 추적추적 내리는 토요일 오후, 자동차가 농장 입구에 들어서자 바닥의 흙과 바퀴가 맞물려 바스러지는 소리를 내다가 시동과 함께 멈췄다. 앞에서 나를 안내해 주던 자동차가 멈춰 선 곳은 치즈 가게 앞이었다. 토요일 오후인데도 시골의 퀵스 치즈 가게는 불이 켜져 있었다. 먼저 차에서 내린 아저씨는 성큼성큼 계단을 올라 문을 열고 들어가더니 조금 전 우리가 길 위에서 나눴던 대화를 직원에게 상세히 전했고 나는 그저 멋쩍은 얼굴로 뒤에 서 있었다. 상점 직원과 대화가 끝나자 아저씨는 잘될 것이라며 나를 다독이곤 가게를 나섰다. 나는 다시 덩그러니 혼자 남아 직원의 안내대로 테이블이 있는 곳에 앉아 기다렸다. '일이 잘 풀릴까, 여기서도 안 풀리면 어떡하지.' 날씨만큼이나 기분도 회색이었다.

메리Mery가 들어온 건 그때였다. 50대 중반에 170cm는 훌쩍 넘는 큰 키에 짧은 은발을 한 그녀는 막 농장에서 일하다 온 것처럼 두꺼운 점퍼를 입고 성큼성큼 다가왔다. 그리곤 친근한 인사를 건넨 뒤 일단 몸부터 녹이자며 밀크티를 내왔고 인자한 얼굴로 내 이야기를 찬찬히 들어 주었다.

"다 봐요. 원하는 대로 다 볼 수 있어요. 그런데 잠은 어디서 자나요?"
"근처 캠핑장에서 지낼 거예요. 항상 그래 왔어요."
"그럼 우리 집에서 지내요. 집에 남는 방이 있어요. 갑시다."

말이 끝나자마자 나는 메리를 끌어안았다. 길 잃은 성냥팔이가 따뜻한 가족을 만난 듯한 기분이었다. 눈물 콧물 다 흘리며 이야기하기 시작한 게 겨우 10분 전인데, 그 사이에 이런 일이 벌어지다니.

지난 일주일간 나는 치즈는커녕 캠핑장만 전전했다. 영국으로 넘어오는 것 자체가 워낙 큰일이어서 무사히 입국하기만 하면 다음 일들은 수월하게 풀릴 줄 알았다. 그간 프랑스, 스위스, 이탈리아까지 치즈 농가들을 수도 없이 찾아다녔다. 그 경험을 바탕으로 이번이 세 번째 여행인 데다 가장 오래 배운 영어를 쓰는 나라가 아닌가. 경험도 있고 자동차까지 생겼으니 치즈 농가를 찾아다니는 일은 술술 풀릴 줄 알았다. 그러나 내 예상과는 전혀 달랐다. 이곳저곳 전화를 해 봐도 '와도 된다'는 곳이 없었다. 전화를 받는 목소리조차 깐깐했다. 영국은 모든 조건을 갖추었지만 정작 중요한 '접근'이 안 됐다.

그렇게 일주일 동안 남부의 작은 캠핑장만 돌고 돌던 중 런던의 리펀 치즈 가게에서 들었던 한마디, "퀵이지요. 메리 퀵, 그녀라면 당신을 꼭 도와줄 거예요."라는 말이 떠올랐다. 지푸라기라도 잡는 심정으로 무작정 찾아와 주소만 들고 근처에서 길을 헤맸다. 그러다 농가 마당에서 일을 하던 분에게 길을 물었을 때 우연찮게도 그는 메리의 농장에서 20년 넘게 직원으로 있었던 분이었다. 환갑이 넘은 인자한 농가의 주인은 나를 메리의 농장으로 안내해 주었고, 마침내 나는 길 잃은 성냥팔이 소녀에서 벗어날 수 있었다.

험난한 투쟁 끝에 살아남은 치즈

체더Cheddar는 영국 남서부 서머싯주가 원산지인 치즈다. 최초의 언급은 헨리 2세가 왕으로 집권하던 1170년에 체더 치즈를 구입했다는 기록이 있어 최소 12세기 이전부터 만들어 온 것으로 알려지나 그 이전에 이 치즈가 어떻게 시작되었는지 정확하게 남아 있는 기록은 없다. 오래전부터 젖소를 키우는 농가들에서 우유를 모아 협동조합 방식으로 만들었기에 체더의 제조법은 모든 농가가 공유했다.

덕분에 많은 농가가 어렵지 않게 치즈를 제조할 수 있었던 반면, 제조법이 남용되는 단점도 발생했다. 중세의 기록에 따르면 치즈 만들기는 이미 지역에서 보호를 했지만, 자유롭게 사용된 체더 치즈 제조법은 영국을 넘어 전 세계로 퍼졌고 이로 인해 정통 체더 치즈의 제조법이 붕괴되었다. 원통형 몸통에 천을 감아 수개월의 숙성을 거쳐 어두운 아이보리색혹은 갈댓잎 색을 가지는 깊은 풍미의 체더 치즈는 사라지고 붉은빛 색소를 넣고 플라스틱 틀에서 숙성시킨 치즈가 체더라는 이름으로 판매되었다. 때문에 체더는 영국의 오랜 치즈라기보다 햄버거에 들어가는 슬라이스 된 붉은빛 가공 치즈로 더 많이 알려져 있다.

∨ 만든 지 15개월 된 체더.
곰팡이로 얼룩덜룩한 체더는 몸통에 감긴 천(모슬린)을 벗겨 내면 아이보리색의 고운 모습을 드러낸다.

체더가 영국의 치즈로 알려지지 못한 이유 중 하나는 지형 때문이기도 하다. 영국은 섬나라이기에 전쟁 중 물자 수송이 수월하지 않아 제1차 세계 대전과 제2차 세계 대전을 겪는 동안 유럽의 어느 국가보다 식량 정책에 많은 제한을 두었다. 식량의 완전 소진을 막기 위해 모든 국민은 식료품 가게에서 물건을 구입하려면 지역 상점에 개인 정보를 등록해야 하고 이에 따라 배급 수첩^{ration}^{book}을 받았다. 그런 후에 수첩 안의 쿠폰이나 혹은 도장을 이용해 식료품을 구입할 수 있었다. 영국 정부는 농가에서 생산되는 우유에도 제한을 두었다. 지역별로 다양하게 만들어지던 치즈 대신 한 종류의 치즈만 만들도록 강제했다. 그 이름이 '정부의 체더 치즈'^{Government Cheddar Cheese}다. 이 시기에는 특정 방식으로 제조된 체더만이 판매되었다.

이렇게 치즈는 전쟁 중 식량 제한 정책에 가장 큰 영향을 받은 분야가 되었다. 제1차 세계 대전으로 영국 전역 3,500여 개에 이르렀던 많은 치즈 농가가 사라져버렸고, 제2차 세계 대전 중에는 정부의 더 강한 제재로 그나마 농장들조차 허가제로 운영되어 1945년엔 고작 100여 개의 치즈 농가만이 남았다.

체더 치즈의 원산지인 영국 남서부에는 전쟁 이전까지만 해도 500여 개의 다양한 체더 치즈가 제조되었지만 치즈 규격화로 인해 1974년에는 고작 30여 개의 농장만이 남았고 그나마 다양했던 맛조차 비슷해졌다고 한다. '정부의 체더 치즈' 제조는 제2차 세계 대전이 끝나고도 9년이 지난 1954년까지 유지되었다. 이것이 영국 전통 체더 치즈의 몰락을 가져온 가장 큰 이유 중 하나였다.

전 세계적으로 체더라는 이름을 치즈에 사용하는 것은 제재가 없다. 단지 영국의 전통 방식으로 만들어지는 체더만이 '웨스트 컨트리 팜하우스 체더 치즈'West Country Farmhouse Cheddar Cheese라는 이름을 쓸 수 있다. 현재까지 영국 전통 방식의 체더를 만드는 대표적인 농장은 몽고메리 치즈Montgomery Cheese, 킨스 체더Keens Cheddar 그리고 메리의 농장인 퀵스 트레디셔널Quickes Traditional 세 곳이다.

퀵스 데어리는 영국 남서부 데번주의 뉴턴 세인트 사이러스Newton St Cyres라는 작은 마을에 있다. 헨리 8세재위 1509~1547 시대부터 지금까지 500여 년간 14대를 이어 오고 있다. 처음엔 젖소만 키우는 농장이었는데 1930년대부터 치즈 제조를 시작했다. 다른 농장들처럼 제2차 세계 대전 즈음에는 치즈 제조를 중단하고 농장에서 짠 우유는 정부에 납품하다 1973년에 이르러서야 다시 치즈 제조를 시작했다고 한다. 제2차 세계 대전 이전에는 살균하지 않은 우유non-pasteurized milk로 체더 치즈를 만들었지만, 1973년부터 지금까지는 쭉 살균한 우유를 써서 만든다. 때문에 퀵스의 체더는 PDO 승인을 받지 않았다.

∧ 메리는 저장고에 들어서자 습도계 수치를 먼저 확인하고 기록했다.
   그리고 나서는 몇 개의 치즈를 뒤집어 치즈의 바닥면부터 윗면까지 세심하게 살폈다.

차를 다 마시자 치즈 가게를 나서자며 일어난 메리는 잠시 치즈
숙성고를 둘러보자고 했다. 부슬부슬 비가 내리는 날씨 탓에 아직
낮 시간임에도 가로등을 켜야 할 만큼 길이 어두웠다.

치즈 가게를 나와 농장 안쪽으로 걸어 들어가자 소를 키우는 우사

牛舍와 높이가 낮은 건물들이 나타났다. 메리와 함께 들어간 첫 번째 숙성고는 문을 열자마자 쿰쿰한 곰팡이 냄새와 높은 습도가 훅 하고 밀려 나왔다. 곰팡이를 가득 피운 체더 치즈들이 선반마다 빼곡히 쌓여 있었고 메리는 치즈 몇 개를 뒤집으며 상태를 본 뒤 습도계 수치를 확인했다. 그렇게 총 세 곳의 치즈 숙성고를 둘러봤는데 치즈 숙성 정도에 따라 혹은 훈연한 치즈나 허브를 넣어 만든 치즈 종류에 따라 나눠 저장하고 있었다. 세 곳의 숙성고는 10m에서 30m 간격으로 떨어져 있었고 가장 큰 숙성고는 100m 나 떨어져 있었는데 멀리서 봐도 아주 거대한 건물이었다. 메리는 부슬부슬 내리는 비를 맞으면서도 치즈 제조장이며 농장 안의 기본적인 건물 위치를 알려 줬는데, 송아지들이 풀을 뜯는 낮은 언덕에 젖소 유축장까지 있는 농장은 하나의 마을처럼 없는 것이 없었다.

농장 치즈를 구입하는 방법

메리의 집에서 주말을 보낸 후 처음으로 퀵스 데어리에 가던 날 아침, 그녀는 내게 치즈 제조장은 다음에 보고 먼저 런던에서 오는 사람들과의 미팅에 함께 하자고 말했다.

"치즈를 구입하러 오는 거예요. 런던의 닐스 야드 사람들인데 숙성 창고에서 직접 테이스팅을 하면서 치즈를 고르는 과정은 쉽게 볼 수 없는 일이니 앞으로 치즈를 공부하는 데 많은 도움이 될 거예요."

나는 눈을 휘둥그레 뜬 채 런던의 그 닐스 야드 데어리가 맞는지 물었다. 영국 치즈에 눈뜨는 데 도움을 준 그 닐스 야드 데어리라니. 그곳에서 본 치즈 덕분에 농장을 찾아다니게 된 것인데 이 시골 농장에서 닐스 야드를 다시 만나게 될 줄이야. 이름을 듣는 것만으로도 기분이 묘했다.

닐스 야드와의 미팅은 퀵스에서 제일 큰 치즈 숙성실에서 이루어졌다. 수만 개의 치즈가 바닥부터 천장까지 켜켜이 쌓여 있는 퀵스의 치즈 숙성실은 거대했고, 낮은 온도와 높은 습도로 묵직하고 퀴퀴한 곰팡이 냄새가 쌓여 있는 치즈만큼이나 가득했다. 세 명의 닐스 야드 스태프는 이미 도착해 있었다. 퀵스의 재무 담당자, 숙성고 관리자, 메리 그리고 나까지 일곱 명은 간단한 인사를 나눈 후 테이블 하나 없는 황량한 창고 한가운데에 서서 치즈 고르기를 시작했다.

이날 닐스 야드 데어리가 구입하려는 건 크리스마스에 미국에서 판매될 18개월 숙성의 체더 치즈라고 했다. 체더 치즈의 최소 숙성 기간은 9개월로, 18개월 숙성 치즈는 꽤 묵직한 맛을 가진다. 퀵스의 재무 담당자는 생산 날

짜별로 치즈 재고를 정리한 커다란 노트를 펼쳐 들고 테이스팅 범위를 정했다.

"이날 생산된 것부터 이날 생산된 것까지의 치즈를 보도록 하죠."

노트에는 치즈를 만들 때 사용된 우유는 물론 스타터, 레닛 심지어 몇 번째 배트에서 만들어졌는지까지 치즈 이력이 상세히 적혀 있었다. 재무 담당자가 테이스팅할 치즈를 선택하자 숙성고 관리자가 수많은 치즈들 사이로 들어가 치즈 아이언으로 샘플을 떼어 왔다. 가느다란 소시지처럼 둥글고 긴 모양의 치즈를 한 명씩 돌아가면서 엄지 끝으로 자르듯 조금씩 떼어 냈다. 그리고 엄지와 검지로 치즈를 꾹꾹 눌러 질감을 확인하면서 향을 맡았고, 마지막으로 맛을 봤다.

그들을 따라 나도 치즈 아이언에서 치즈를 떼어 내려 했는데 숙성고의 낮은 온도로 인해 치즈는 돌덩이처럼 굳어 있었다. 지방과 단백질로 이루어진 치즈를 제대로 맛보기 위해서는 먼저 차가운 치즈의 온도를 높여야 한다. 치즈를 떼서 엄지와 검지로 힘껏 눌러 주는 이유가 이 때문이다. 단단한 치즈는 처음엔 부서지듯 깨지다가 손의 체온에 의해 점점 지방이 녹으면서 찰진 반죽같이 말랑해진 뒤 본래 질감을 드러낸다. 이때 치즈를 입 안에 넣으면 숙성 치즈만의 풍미가 가득 차오른다.

닐스 야드의 숙성고 관리자들은 치즈를 맛볼 때마다 커다란 노트에 상세히 메모했고 동시에 퀵스의 재무 담당자 역시 노트에 테이스팅 내용을 꼼꼼히 기록했다. 노트에 메모하느라 손이 바빴다고 해서 침묵이 내려앉은 분위기는 아니었다. 사람들 모두 자신의 의견을 바로바로 말했다. "조금 전 치즈보다 풍미가 진하다, 맛이 묵직하다, 숙성이 건조하다."라고 말이다. 테이스팅이 모두 끝나면 작성한 노트를 기준으로 원하는 치즈의 재고를 확인한 후 필요한 양을 주문한다. 이렇게 치즈 구입이 이루어지는 것이다.

이날 미팅에서는 제조 날짜가 각기 다른 체더 치즈 50여 가지를 테이스팅했다. 닐스 야드 데어리가 구입한 체더 치즈는 200여 개, 중량으로 치면 약 7t에 달했다. 선별된 치즈는 전부 14개월 숙성으로 미국으로 건너가 판매될 때 18개월 숙성 치즈가 되도록 시기를 맞췄다. 크리스마스까지는 4개월이 남아 있었다. 그날 맛본 50여 가지의 치즈는 놀랍게도 조금씩 다른 맛, 다른 향을 갖고 있었다. 제조 날짜가 겨우 하루 이틀 차이 나는 치즈들임에도 전부 다른 얼굴을 하고 있었던 것이다. 하얗게 입김이 나오는 숙성고에서 두 시간 동안의 테이스팅이 끝나자 몸은 나무토막처럼 굳어 버렸지만, 메리가 말했듯 수천 개의 치즈 가운데 최고의 풍미를 가진 치즈 찾기는 어디서도 못 해 볼 귀한 경험이었다.

재무 담당자가 테이스팅할 치즈를 선택하자 숙성고 관리자가
수많은 치즈들 사이로 들어가 치즈 아이언으로 샘플을 떼어 왔다.

∧ 아이언 속 치즈를 엄지 끝으로 자르듯 조금씩 떼어 냈다.
　그리고 엄지와 검지로 치즈를 꾹꾹 눌러 질감을 확인하면서 향을 맡았고 마지막으로 맛을 봤다.
∨ 치즈 구매를 위해 모였지만 치즈를 논하는 그들은 그저 장인의 지식을 경청하는 모습이었다.

치즈 아이언

치즈를 테이스팅할 때 사용되는 도구가 치즈 아이언이다. T자 모양에 쇠로 만든 반원통형 봉으로 길이는 대략 10cm 내외이며 치즈 맛, 발효 상태 등을 확인할 때 사용된다. T의 머리 부분이 손잡이인데 이것을 검지와 중지 사이에 끼워 잡고 원형 파이프가 반으로 잘린 듯 생긴 기다란 아랫부분을 치즈에 찔러 넣어 한 바퀴 돌리면 치즈가 빠져나오게끔 만들어졌다. 치즈 깊은 부분까지 발효가 잘 되었는지 확인하는 데에도 사용한다. 치즈 아이언에 치즈가 소시지 모양으로 동그랗고 길게 빠져나오면 가운데 부분은 테이스팅을 하고 껍질에 가까운 끝부분은 다시 치즈에 꽂아 구멍을 막는다. 그러면 치즈를 떼어 먹은 중간의 빈 공간은 시간이 지나며 치즈가 자연스레 밀려 들어가 채워진다. 치즈를 맛보는 도구라고 해서 치즈 트라이어(cheese trier)라고도 하는데, 치즈의 크기에 따라 T의 아랫부분이 길게 디자인되기도 하지만 한 뼘 길이가 가장 흔하게 쓰인다.

체더 치즈의 시작: 두 가지 스타터로 커드 만들기

새벽 5시, 울려대는 알람에 이불을 걷어 냈다가 훅 밀려드는 한기에 놀라 다시 덮었다. 전기요가 없었다면 어떻게 버텼을까. 유럽의 전통 농가는 정말 춥다. 더구나 메리의 집은 돌로 지어진 데다 내 방에는 벽난로까지 있어서 굴뚝을 통해 바람이 숭숭 들어왔다. 오들오들 떨며 옷을 챙겨 입고 자동차에 올랐지만 9월 초가을 추위를 막기엔 오리털 점퍼도 자동차 히터도 역부족이었다.

깊은 숲속에 있는 메리의 집에서 치즈 농장까지는 자동차로 10분 거리였지만 이날 처음으로 혼자 찾아가는 길이었기에 출발 전부터 걱정이었다. 메리의 자동차를 타고 함께 지났던 길을 머릿속으로 그려 보며 조심스레 길을 나섰는데 다행히도 헤매지 않고 치즈 제조 시간에 늦지 않게 도착했다.

체더 치즈 제조는 새벽 5시 45분 우유가 배트에 채워지면서부터 시작된다. 젖소에서 아침저녁으로 짜낸 우유는 냉장 탱크에 담겨 있다가 사용 직전에 85℃에 12초간 살균한다.* 이후 파이프를 통해 배트로 옮겨진다. 이날 체더 치즈를 만들기 위해 사용된 우유는 무려 3450L. 27kg짜리 체더 치즈를 14개 만들 수 있는 분량이라고 했다.

---

*   우유의 살균은 0℃에서 85℃가 될 때까지 데우는 것이 아닌 85℃로 데워진 파이프에 우유를 12초간 통과시키는 것으로 굽이굽이 늘어진 파이프에 우유가 들어가서 나오기까지 12초가 걸린다. 75℃ 이상에서 살균하는 것을 고온 살균이라 하며, 이 내용은 레드 레스터 치즈의 비살균 우유 부분에 상세히 서술되어 있다.

퀵스에서 사용하는 우유가 85℃에서 살균 과정을 거친 것이긴 하지만 순간 살균이기에 온도가 높아지진 않았고, 따로 데우는 과정이 필요했다. 치즈 제조의 시작인 균류 넣기, 즉 스타터를 넣기 전에 먼저 우유를 31.7℃까지 데운다. 31.7℃는 소의 위장 온도로 어떤 우유든 스타터를 넣기 위해서는 소의 위장 온도에 맞춰 데운다. 대부분 미리 유축해 냉장 보관해 두기 때문에 우유를 바로 사용하기에는 온도가 너무 낮기 때문이다. 프랑스의 치즈 제조 농가에서 아침에 짠 우유를 그대로 사용하는 것을 보긴 했지만 대규모 제조장에서는 우유 사용량이 많아 당일 아침에 유축한 우유만으로는 제조가 어렵다.

스타터를 부어준 뒤 10분이 지나면 레닛을 넣고 3분간 잘 저어준 후 1시간쯤 그대로 둔다. 퀵스에서는 두 가지 종류의 스타터를 하루씩 번갈아 가며 사용한다. 하나는 얼어 있는 스타터를 우유에 바로 넣고, 다른 하나는 우유 10갤런37.8L에 스타터를 풀어 넣어 요거트처럼 만든 후에 사용한다. 한 종만 사용할 경우 균이 공기 중에 떠다닐 수 있고 치즈에 균 내성이 생길 수도 있기 때문이라고 했다.

스타터는 치즈가 발효할 수 있게 도와주는 균류로 어떤 스타터를 사용하는지에 따라, 즉 어떤 균류를 사용하는지에 따라 치즈 풍미가 달라진다. 때문에 퀵스에서는 덴마크 회사의 동일한 스타터를

∧ 발효균인 스타터를 부어 넣는 모습.
38.7L의 우유가 담긴 통에 발효균을 섞어
하룻밤을 두면 요거트처럼 바뀌는데
이것이 스타터로 사용된다.

< 레닛으로 인해 우유 전체가 푸딩처럼 응고된다.
커드 나이프가 배트 안을 자동으로 이동하며
거대한 커드를 잘게 잘라 낸다.

계속 사용한다고 했다. 균일화하여 판매하는 스타터가 없던 오래 전에 치즈 제조자들은 산도가 높은 우유^{상온에 두어 박테리아를 미리 배양해 산성도가 올라간 우유. 자연 발효된 상태}를 사용하거나 전날 치즈를 만들며 나온 훼이를 하룻밤 상온에 두어 균을 더 배양한 후 사용했다. 수년 전 이탈리아의 치즈를 보러 다닐 때 파르미자노 레지아노 농장에서 전날 치즈를 만들며 나온 훼이를 숙성시켜 스타터로 사용하는 것을 본 적이 있는데, 이처럼 유럽의 치즈 농가들 중에는 여전히 스타터를 전통 방식으로 만들어 사용하는 곳들이 남아 있다. 단, 퀵스와 같이 규모가 크고 체더 이외에 몇 가지 치즈를 더 만드는 농장이 아닌 한 가지 치즈만을 제조하는 소규모 농장은 만들어 쓰는 스타터가 가능하지 않을까 싶다.

레닛을 넣은 지 1시간이 지나면 커드가 형성되고, 이 커드를 잘라 주면서 훼이를 배출시킨다. 커드 나이프로 커드를 20초가량 휘저은 후 5분간 내버려 두면 조각난 커드가 수면 아래로 가라앉으면서 커드 속 훼이가 빠져나간다. 그리고 5분이 지나면 다시 1시간 동안 아주 천천히 배트를 데워 온도를 41.5℃까지 올리고 커드가 쌀알 크기가 될 때까지 나이프로 계속 저어준다.

커드를 자르기 전, 치즈 메이커 앤디^{Andy}가 나를 불러 커드의 응고 상태를 보여 주었다. 자르기 전의 거대한 커드는 단단하고 따뜻한 푸딩 같았다. 앤디는 커드 속에 손을 넣어 손가락 하나를 들어 올

렸을 때 커드가 결을 따라 매끈하게 갈라지면 커팅하기 좋은 상태라고 했다. 나는 손바닥을 세워 커드 속에 집어넣은 후 손가락 하나만 살짝 들어 올렸다. 부드럽지만 단단하게 뭉쳐 있는 커드가 정말 선을 그어 자른 것처럼 깨끗하게 갈라졌다. 손의 감촉으로 커드 상태를 알아보는 새로운 경험이었다.

체더 치즈를 체더답게, 체더링

잘게 잘린 커드는 크롬웰 비숍에서와 마찬가지로 좀 더 길고 얕은 배트로 옮겨져 훼이를 빼낸다. 훼이가 배수 파이프를 통해 폭포수처럼 빠져나가면서 배트에는 쌀알만 한 커드가 모래성처럼 쌓이는데 작업자들은 쌓인 커드를 배트 양옆으로 밀어 가운데에 물길을 만들었다. 남은 훼이가 계속 빠져나가게 하기 위해서였다. 그러고 나서 쌓인 커드를 평평하게 다독여 준다. 아직 40℃의 온기가 남아 있는 이 커드 알갱이들을 다독이면 서로 엉겨 붙어 점차 거대한 덩어리가 된다. 그다음으로는 이 덩어리 커드에 기다란 스테인리스 나이프를 깊이 찔러 가로세로 방향으로 칼집을 넣었다. 이제 체더 치즈를 체더 치즈로 만드는 작업, 체더링cheddaring이 시작될 차례다.

일반적인 치즈 제조 과정은 우유에 레닛을 넣고 응고시켜 만든 커드를 작게 자른 뒤 훼이를 빼내고 몰드에 바로 넣는 것이다. 하지만 체더 치즈는 몰드에 넣기 전 한 단계를 더 거치는데 그것이 바로 '체더링'이다. 커드를 직육면체 블록으로 잘라 뒤집고 쌓아 올리기를 반복하는 것인데 이를 통해 커드 속 훼이를 빼내는 동시에 산성도를 조절하고 단단한 조직과 입 안에서 부서지는 듯한 식감을 갖게 한다.*

모래알 같았던 커드 알갱이들이 어찌나 잘 엉겨 있던지 직사각형 블록으로 잘라 들어 올려도 부서지지 않고 훼이만 주르륵 빠져나갔다. 작업자들은 이 커드 블록을 일일이 뒤집기 시작했다. 왼쪽 끝부터 오른쪽 끝까지 뒤집은 후 다시 오른쪽 끝에서 왼쪽 끝까지 모든 블록을 뒤집었다. 이렇게 뒤집는 동안 조직 사이사이에 남아 있던 훼이가 빠져나가면서 커드의 질감은 처음보다 단단해진다.

* 프랑스 남부에도 비슷한 치즈가 있다. 바로 살레(Salers) 치즈다. 2006년 첫 치즈 여행 때 본 살레 또한 하드 치즈로 체더와 마찬가지로 커드를 쌓아 가며 훼이를 빼낸 후 작게 잘라 소금을 섞어 몰드에 넣어 만든다. 세세한 과정은 조금씩 다르지만 커드에 섞는 소금의 비율이 살레는 2.4%, 체더는 2.5%로 아주 흡사하다. 체더는 800년 역사를, 살레는 2000년 역사를 가진 치즈다. 프랑스 남부에서 산 넘고 물 건너 1000km 넘게 떨어진 영국 남서부에서 비슷한 치즈가 만들어졌다니 과연 그 오래전에 소통을 한 결과물인지 아니면 치즈를 만드는 방법이 본래 조금씩 비슷해서 만들어진 우연인지 알 수 없지만 소금 비율까지 비슷한 두 치즈의 존재가 놀랍다.

이제 나이프를 들어 커드 블록을 전부 반으로 자르고는 이를 2단으로 쌓는다. 이쯤에서 훼이가 빠져나가도록 두고 쉬는 시간을 가지는가 싶었는데 이게 끝이 아니었다. 블록을 반으로 잘라서 위로 쌓자 배트 안에 공간이 생겼고 작아진 블록들도 다시 뒤집히며 배트의 오른쪽에서 왼쪽 방향으로 혹은 반대 방향으로 옮겨지고 쌓아지기를 반복했다. 위치를 옮기면서 뒤집는 작업을 하니 커드 바닥에 갇혀 있던 훼이들이 더 잘 빠져나갔다. 그리곤 양쪽으로 나뉘어 있던 커드 덩어리들을 한쪽으로 몰아 쌓았다. 이렇게 하니 커드는 6단 높이까지 되어 맨 아래의 커드는 더 힘있게 눌렸다.

작업을 20여 분간 계속하자 벽돌처럼 반듯했던 커드 블록들은 서로가 서로의 무게에 눌려 옆으로 납작해지기 시작했고 나중에는 밀대로 민 밀가루 반죽처럼 넓게 퍼졌다. 도대체 이 작업이 언제 끝나는지 묻자 작업자들은 "훼이가 모두 빠져나갈 때까지."라고 했다. 일반적인 커드를 다룰 때보다 몇 배의 노동력이 들어가는 어려운 과정이었다. 정말이지 커드를 뒤집고 위치를 옮겨 또 뒤집는 동안 훼이는 끝없이 작은 물줄기로 빠져나왔다.

마침내 체더링 작업이 끝나자 앤디가 나를 불렀다. 그는 널따랗게 퍼진 커드 덩어리의 표면을 엄지와 검지로 얇게 집어 뜯어내며 단면을 보여 주었다.

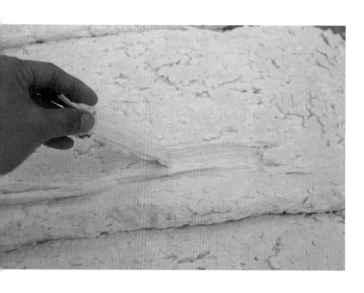

"이렇게 닭가슴살처럼 결이 형성되면 체더링이 잘된 거예요."

떼어 낸 커드를 만져 보니 제법 탄성이 있어 잡아당기면 고무줄처
럼 늘어날 듯했다. 단면에는 수많은 결이 생겨나 있었다. 나는 자
리를 옮겨 가며 몇 덩어리의 커드를 떼어 내고 또 떼어 냈다. 수십
번 뒤집어 가며 겹겹으로 이뤄진 단면의 무게감을 기억해 두고 싶
어서였다.

체더링이 끝나자 작업장의 분위기가 바뀌었다. 거대한 분쇄기cheese
mill가 들어오고 배트 한가운데에 소금이 가득 찬 양동이가 놓였다.
이번에 할 작업은 넓게 퍼진 커드 덩어리를 분쇄기에 넣는 것이었

다. 분쇄기를 통과한 커드는 엄지손가락만 한 크기에 불규칙한 모양으로 갈려 나오는데, 이때 두 사람이 커다란 쇠스랑으로 갈린 커드를 뒤집는다. 동시에 미리 준비해 둔 소금을 골고루 뿌리는데, 소금 비율은 치즈 무게의 2.5%다. 분쇄 작업이 끝나자 이번에는 배트 앞에 커다란 선풍기가 세워졌고 작업자들은 쇠스랑으로 갈린 커드를 다시 한번 골고루 뒤집기 시작했다.

"아직 커드가 따뜻해서요. 커드 온도가 23℃까지 내려가야 몰드에 넣을 수 있거든요."

드디어 커드 온도가 23℃로 내려가자 배트 옆에 체더 치즈용 몰드가 준비됐다. 깊은 원통형의 스테인리스 몰드 무게는 11kg이나 됐다. 그 안에 흰 천을 깔고 28kg의 커드를 채워 넣어야 했는데 체더링으로 인해 탄성을 갖게 된 커드는 아무리 눌러 넣어도 스펀지처럼 튀어나왔다. 때문에 몰드에 커드를 채우기 위해서는 남성 작업자 두 명이 양팔로 힘껏 눌러야 했다. 이제 커드 무게까지 더해져 39kg이나 된 몰드가 층층이 쌓여 전기 압축기에 들어갔다. 압축기가 작동하자 몰드 사이로 훼이가 흘러나왔다. 몰드는 이렇게 남은 훼이를 끝까지 빼내며 압축기에 눌린 채 24시간을 보낸다.

다음 날 아침, 압축기를 풀고 몰드에서 커드를 꺼내자 커드는 이제 완연한 원통형 치즈가 되어 있었다. 우선 치즈의 몸통을 감싸

고 있던 흰 천을 벗겨 낸 다음 50℃ 소금물에 잠깐 담갔다 뺀다. 그리고 새로운 흰 천으로 감싸 몰드에 넣은 다음 한 번 더 압축기에 넣어 24시간 동안 둔다. 분쇄한 커드를 눌러 담아 만든 치즈이기에 체더 치즈는 스틸턴 치즈만큼이나 표면에 구멍이 많다. 러빙업 나이프로 다듬었던 스틸턴 치즈와는 달리 체더 치즈는 뜨거운 물에 담갔다 빼냄으로써 치즈 표면을 살짝 녹여 코팅하는 방식으로 구멍을 메운다. 스틸턴은 압축 과정이 없기에 치즈가 단단하지 않아 뜨거운 물에 담그면 부서져 버린다. 이렇게 몰드에 담긴 채 압축기에서 총 48시간을 보낸 치즈는 사흘째 되는 날부터 새로운 과정에 들어간다.

치즈 옷 입혀 주기, 모슬린 라드

셋째 날 아침, 작업대 위에는 따뜻하게 녹인 라드 한 양동이와 흰 천이 잔뜩 쌓여 있었다. 이 흰 천은 평직으로 짠 면직물, 즉 모슬린인데 체더링과 더불어 체더 치즈 제조에서 없어서는 안 될 '모슬린 라드' 작업에 꼭 필요한 것이다.

체더 치즈를 만들 때 모슬린으로 치즈를 덮는 작업을 영국에서는 '클로스 바운드'cloth bound 라고 표현한다. 상온에서 반고체 상태인 라드에 열을 가해 액체로 녹인 다음 여기에 모슬린을 적셔 치즈 겉면에 붙이는 작업이다. 농장에 따라 녹이는 정도에 차이가 있다. 라드가 굳으

따뜻한 라드에 모슬린 천을 흠뻑 적셔 치즈에 입혀 주는 이 작업은
치즈를 진드기로부터 보호해 주고, 발효 중 표면이 팽창하는 것을 막는 등 많은 역할을 한다.

면서 접착제 역할을 해 모슬린이 치즈에서 떨어지지 않는다. 라드는 날씨가 조금만 서늘해도 반고체로 굳어 버리기 때문에 따뜻한 물에 중탕해 놓고 작업한다.

치즈 겉면을 라드에 적신 모슬린으로 감싸는 데에는 몇 가지 이유가 있다. 첫째, 라드가 코팅 역할을 해 치즈 표면이 마르는 것을 방지할 수 있다. 혹여 치즈가 숨을 못 쉬어서 발효가 제대로 이루어지지 못할까 봐 우려했지만 모슬린은 얇고 조직이 성글어 치즈가 숨을 쉬는 데 문제 없다고 했다. 둘째, 발효 중에 생기는 가스 때문에 치즈가 터지거나 표면이 불룩 튀어나오기도 하는데 모슬린으로 감싸면 이런 현상을 막을 수 있다. 셋째, 발효 과정에서 생겨나는 곰팡이를 먹고 자라는 치즈 진드기cheese mite가 치즈 속으로 들어가는 것을 방지할 수 있다.몽고메리 체더에서 치즈 진드기를 상세히 다뤘다. 그러나 치즈 안으로 침투하는 것을 완전히 막을 수는 없고, 라드를 먹느라 치즈 속에 침투하는 시간을 지연시켜 그 사이 숙성고 관리자들이 진드기를 없애는 청소를 주기적으로 해서 최대한 막는다고 했다. 요컨대 라드와 모슬린은 치즈 표면에 얇은 층을 형성함으로써 치즈를 보호하는 역할을 하는 것이다. 하얀색이었던 모슬린은 발효가 진행됨에 따라 곰팡이 등으로 얼룩져 점점 어두운 갈색을 띠는데 그 모습이 꼭 투박한 통나무처럼 변한다.

작업대 위에는 치즈 위와 아랫면을 감싸는 둥근 모양 모슬린과 몸통을 감싸는 직사각형 모슬린이 수십 장 쌓여 있었다. 이날 할 일은 모슬린에 녹인 라드를 적셔 치즈 겉면에 붙이는 것이었다. 먼저 48시간 동안 압축기에 눌린 원통형 치즈를 몰드에서 분리해 가장자리의 거친 부분을 잘라 낸다. 다음에는 모슬린 천에 라드를 흠뻑 적셔 치즈 겉면에 충분히 발라 준다. 그러고 나서 둥근 모슬린 세 장을 라드에 적셨다가 꼭 짜낸 뒤 치즈 윗면에 붙이고, 직사각형 모슬린 두 장을 치즈 몸통에 감싸듯 붙인다. 치즈를 뒤집어 다시 윗면에 둥근 모슬린 두 장을 붙이고 마지막으로 몸통에 직사각형 모슬린 한 장을 감싸듯 붙이면 작업이 끝난다.

이렇게 모슬린으로 덮여 하얗게 보이는 치즈를 다시 몰드에 넣어 하룻밤을 두는데 라드가 굳으면서 모슬린이 단단히 고정된 치즈는 마치 하얀 파라핀에 덮인 듯하다. 이제 치즈는 마침내 숙성실로 옮겨진다.

퀵스의 치즈 숙성실은 모두 4개로 가장 큰 숙성실에는 약 1만 개의 치즈가 저장되어 있고, 나머지 세 곳의 작은 숙성실에는 2,000여 개의 치즈가 저장되어 있다. 이 숙성실 모두 온도는 9℃, 습도는 70~80%로 어느 곳에 들어가든 싸늘한 냉기가 느껴졌다. 저온에서 천천히 숙성되기에 크롬웰 비숍에서와 같은 따가운 암모니아 냄새는 거의 느낄 수 없었다. 그저 숙성된 치즈 사이를 지날 때 축축한 곰팡이 냄새가 나는 정도였다.

1 만든 직후의 뽀얀 치즈.

2 3개월 된 치즈.

3 5개월 된 치즈.

4 5개월 된 치즈 접사.

5 16개월 된 치즈.

6 치즈를 주기적으로 뒤집는 작업.
　 공기가 통하지 않은 바닥 부분에 몰린 수분을 건조시켜
　 주며 치즈 진드기들로부터 치즈를 보호하는 과정이다.

<　　거대 치즈 숙성실 모습.

∨　　치즈에 붙은 라벨 읽는 법
　　： 종이 태그에 적힌 250512는
　　2012년 5월 25일에 만들어진 치즈라는
　　뜻으로 촬영일 기준으로 만든 지
　　1년 3개월이 된 숙성 체더 치즈다.

이제 막 숙성실에 들어온 체더 치즈는 투명한 파라핀에 둘러싸인 것처럼 말간 하얀색이었다가 시간이 갈수록 모슬린에 얼룩덜룩 곰팡이를 피우기 시작한다. 숙성이 완성된 체더는 짙은 갈색을 띠는데 판매 전 모슬린을 벗겨서 내보내기도 한다. 라드가 마르면서 바짝 붙어 버린 모슬린을 떼어 내는 일 또한 만만찮은데 뜯어내는 동안 곰팡이 먼지가 작업장 가득 날린다. 하지만 오랜 숙성 기간 동안 묵직해진 퀴퀴한 모슬린을 벗어던지면 체더는 갈댓잎에서나 볼 수 있는 황금빛을 보여 준다. 거친 듯 강한 외모에 부드러움을 숨기고 있는 치즈, 체더의 본모습은 그랬다.

∨ 라드에 적셔 씌웠던 모슬린 천을 벗기는 작업 모습.
   체더를 치즈 가게에 통째로 판매할 때는 치즈 가게에서 자체적으로 벗겨 판매하지만
   슈퍼마켓에 판매할 때는 작은 용량으로 잘라 포장해야 하기에 농장에서 미리 작업을 한다.
   곰팡이가 가득한 모슬린을 벗겨 내면 체더는 의외로 밝은 노란색의 뽀얀 속살을 드러낸다.
   모슬린을 뚫고 침투한 치즈 진드기들의 흔적은 브러싱으로 제거한다.

∧ 잭(Jack) 아저씨가 숙성이 완성된 치즈를 이동시키는 모습.
퀵스에 머무는 내내 지나갈 때마다 취재는 잘하고 있는지 물었던 인자한 얼굴의 잭 아저씨.
나를 이곳으로 안내해 주었던 바로 그분이다.

이 버터는 점점 사라질 거야: 훼이로 만드는 버터

버터는 우유에서 분리한 크림으로 만든다. 농장에서 갓 짠 우유를 그릇에 담아 하룻밤 상온에 두면 연한 노란빛을 띠는 지방층이 우유 표면에 생기는데 이것이 바로 크림이다. 과거에는 이렇게 크림이 떠오르기를 기다렸다가 손으로 일일이 떠내며 분리했지만 1800년대 후반 스웨덴의 구스타프 드 라발Gustaf de Laval이 크림 분리기를 발명한 이후로는 대부분 기계를 이용한다. 시중에 판매되는 우유는 입자 크기를 똑같게 하는 균질화 처리를 했기 때문에 우유 표면에 크림이 뜨는 현상이 나타나지 않는다. 이렇게 거두어 낸 크림으로 만드는 것 중 하나가 바로 우유향 가득한 훼이 버터다.

그간 어느 나라에서든 치즈 농장에서 직접 만든 버터를 어렵지 않게 볼 수 있었다. 농장에서는 치즈를 만들기 전 우유에서 크림을 분리해 치즈 속 지방 양을 조절했기 때문이다.• 우유에서 크림이 분리되는 과정은 프랑스의 치즈 농장에서 처음으로 봤다. 이른 아침 치즈 제조장으로 옮겨진 우유는 기다란 파이프를 통해 제일 먼저 크림 분리기cream separator를 통과하는데 엄청나게 많은 우유가 지

• 치즈마다 지방 함량이 다양해 제조 전에 우유에서 크림을 분리해 지방 함량이 높은 치즈는 기존 우유에 크림을 더 첨가했다. 반면 우유 속 지방을 그대로 사용하는 농가에서는 크림을 추출하지 않았다. 치즈 제조용 이외에 남는 우유로 크림을 분리해 버터를 만들거나 요거트를 만들었다.

점점 사라지고 있는 영국 전통의 버터이자 치즈 풍미를 가진 훼이 버터.
훼이 버터는 매주 목요일 린드 아주머니가 만들었다.

나가도 크림은 고작 졸졸 흐르는 정도로 양동이에 고였다. 이 크림으로 만드는 버터는 아침에 짜낸 우유만큼이나 신선한 풍미를 가지는데 그야말로 그 지역에서만 구입할 수 있는 귀한 로컬 유제품이다. 이렇게 우유에서 추출할 수 있는 크림 양이 고작 10%에 불과했기에 크림으로 만드는 버터는 당연히 귀할 수밖에 없었고, 중세시대에 버터는 귀족들만 즐기는 것이었다고 한다.

메리의 집 주방에도 여느 유럽 가정집처럼 네모난 도자기가 놓여 있었고 거기엔 항상 버터가 있었다. 실온에서 눅진해진 버터는 밀크티를 마실 때 빵과 함께 나오거나 요리에 자주 쓰였는데 치즈 농장을 운영하는 집의 버터는 너무도 당연한 음식이기에 나는 별 생각 없이 버터를 먹곤 했다.

어느 저녁, 식사를 하던 중 메리가 그 당연한 버터를 가리키며 말했다.

　"우리 농장에서 만들어요."
　"네, 맛있어요."

나는 고개를 끄덕이며 답했다. 내가 중요한 무언가를 못 알아들었음을 눈치챈 메리가 다시 말했다.

"크림이 아닌 훼이로 만들어요."

"훼이로 버터를 만든다고요?"

순간 나는 포크를 손에 쥔 채 그대로 굳어버렸다. 그녀는 이제 손으로 만든 버터는 거의 찾아보기 힘들다고 했고 나는 여전히 놀란 눈을 한 채 감탄사를 쏟아 냈다.

메리의 농장에서는 일주일에 단 하루, 목요일 오전에 버터를 만든다. 치즈 제조장 한쪽에는 통유리창을 통해 안이 훤히 보이는 작은 방이 있었는데 그곳에서 버터 제조가 이루어진다고 했다. 아침 일찍 나와 체더 치즈 제조 과정을 지켜보는 사이사이 나는 그 작은 방을 계속 살폈다. 이윽고 버터 제조를 담당하는 린드^{Lind} 아주머니가 제조장으로 들어서며 내게 손짓으로 이제 시작한다고 했다.

냉장실만큼이나 서늘한 냉기가 도는 버터 제조실에는 이미 훼이에서 분리한 크림이 철제 우유통에 담겨 있었다. ^{만화 영화 〈플랜더스의 개〉에 나오는 바로 그 우유통이었다.} 버터 만드는 날이 일주일에 하루뿐인 이유가 있었다. 훼이에서 나오는 크림의 양은 너무나도 미미해 일주일 내내 치즈를 만들며 나오는 수십 톤의 훼이에서 겨우 한두 통의 크림만 분리할 수 있다고 했다. 온전한 우유에서조차 10분의 1도 추출되지 않는 크림을 한가득 모아야만 겨우 한 덩이 나온다는 그 버터, 지방도 단백질도 대부분 빠져나간 훼이로 만든다니

∧ 액체 상태였던 크림에 찬물을 넣어 처닝 기계를 작동시키면 크림 속 지방이 작은 알갱이처럼 뭉쳐졌다.

정말이지 감탄스런 버터가 아닐 수 없었다.

작업이 바로 시작되었다. 크림은 드럼처럼 둥근 버터 처닝[churning] 기계에 부어졌고, 여기에 찬물7℃을 크림 양의 반만큼 넣었다.

"물은 크림 속 지방을 뭉쳐지게 해요. 대신 물 온도가 이렇게 차가워야 하죠."

• Churn은 우유·크림을 휘저어 버터를 만든다는 뜻이다.

처닝 기계에서 찬물과 함께 30분간 회전한 크림은 처음에는 구슬처럼 작은 알갱이로, 나중에는 찰진 밀가루 반죽처럼 커다란 덩어리로 뭉쳐졌다. 린드 아주머니는 처닝 기계 속 물을 배수로로 빼내면서 새로운 찬물을 계속 부어 넣었다. 크림 속 지방이 이미 다 뭉쳐서 버터가 됐는데 왜 계속 물을 붓고 빼내는 작업을 반복하는지 묻자 린드 아주머니는 배수로로 빠져나가는 물을 가리키며 말했다.

"아직 뿌옇죠? 저 물이 맑아질 때까지 반복해야 해요. 찬물은 처음에는 크림 속 지방을 응고시키는 역할을 하지만 이후부터는 덩어리로 뭉쳐진 버터를 세척하는 역할을 하는 거죠."

정말이지 처음 배수할 때와 달리 네 번째로 배수할 때의 물 색깔은 확연히 맑았다. 이 작업은 서너 번 정도 반복하는데 흘러나오는 물의 색깔을 보고 판단하는 것이지 횟수가 정해져 있지는 않다고 했다. 마지막 배수가 끝나자 버터는 젤라토처럼 쫀쫀한 덩어리로 변해 있었다. 가염 버터일 경우에는 이때 버터 무게의 1.2%의 소금을 넣어 섞어 준다.

린드 아주머니가 이제부터는 시간 싸움이라고 했다.

"서둘러야 해요. 실온에 있는 시간이 길어질수록 버터 조직이 풀어져 녹아버리거든요."

과연 다음 작업들은 빠른 속도로 진행됐다. 먼저 버터를 저울에 올려 250g씩^{판매용 단위} 나눈 다음, 이 울퉁불퉁한 버터 반죽을 나무 주걱^{wood paddle}으로 찰싹찰싹 소리가 나게 쳐서 평평하게 편다. 그러고는 나무 주걱 두 개를 이용해 직사각형으로 모양을 다듬은 후 끝부분을 살짝 들어 올려 둘둘 말면 한 뼘 너비의 원통형 버터가 완성된다. 방 안의 찬 공기와 7℃의 차가운 물에 단단하게 굳은 버터를 만지는 린드 아주머니의 손은 이미 벌겋게 얼어 있었다. 급하다는 아주머니를 도와 버터를 투명한 용지로 포장하는 마무리 작업을 했다. 그새 조금이라도 녹을까 봐 포장된 버터는 박스에 담겨 작업장 안의 냉장고로 서둘러 옮겨졌다.

손이 바쁜 아주머니에게서 바통을 넘겨받은 나는 바라보기만 했던 버터 만드는 작업을 시작했다. 나무 도마 위에 놓인 버터를 주걱으로 찰싹찰싹 때려 평평하게 만드는데 옆에서 볼 때와 달리 물이 얼굴로 자꾸 튀었다.

> "버터를 주걱으로 내리치는 건 모양을 잡기 위해서이기도 하지만 버터 속에 남아 있는 물기를 빼내 질감을 더 차지게 만들기 위해서예요. 그래서 찰싹찰싹 힘 있게 버터를 내리치는 거죠."

체온에 버터가 녹을까 봐 손이 아닌 나무 주걱을 사용하는 줄 알았더니 어느 작업 하나 이유 없이 진행되는 건 없었다. 시간이 얼

버터는 너무 차가워서 잠깐 작업했음에도 손이 벌겋게 얼어 버렸다. 하지만 린드 아주머니는
버터가 상온에 나오면 금세 녹는다며 이미 차갑게 굳은 두 손으로 쉼 없이 버터 만드는 데에만 열중했다.

마 지나지 않았는데도 상온에 있던 버터 덩어리들이 도마 위에 녹아 붙기 시작했고 결국 나는 사진 찍는 걸 멈추고 아예 작업자로 나서 일을 도왔다. 그리고 마지막까지 찰지게 내리쳐 수분이 잘 빠져나간 주걱 자국 선명한 버터는 린드 아주머니가 내 몫이라며 선물로 건네주었다.

오랜 전통을 이어 왔지만 이제는 거의 만들지 않는다는 수제 버터. 과거에는 농가의 소득원이었지만 지금은 전통이 잊힐지 모른다는 염려 속에 겨우 만들어지는 버터. 퀵스의 훼이 버터는 250g에 약 5파운드*라는 가격에 팔리기에는 정말이지 아까운 전통이었다.

훼이 버터

훼이는 우리말로 유청(乳: 젖 유, 淸: 맑을 청), 즉 맑은 우유물로 불리는데 치즈를 만드는 초기 과정 중 우유 속에 산(acid)을 넣어 우유를 두부처럼 응고시킨 후 이 덩어리들을 건져 내면 남게 되는 액체다. 농장에선 미미하게나마 우유 영양분을 가진 훼이에 사료를 섞어 돼지 등의 가축에게 먹이로 주거나 혹은 다시 끓여 그 유명한 리코타(Ricotta) 치즈를 만들기도 한다. 이탈리아가 원산지인 이 치즈는 이름 그대로 re-cook, 즉 다시 조리해 만드는 치즈로 유명한데 훼이의 용도는 이렇게 치즈를 만들거나 가축의 먹이에 사용되는 한정적 용도로만 쓰였다. 최소한 내가 만난 프랑스, 이탈리아, 스위스의 치즈 농가들에서는 그랬다.

•   2023년 퀵스 홈페이지에 있는 훼이 버터 가격.
        https://www.quickes.co.uk/collections/butter

훼이 버터는 영국 남서부 지역의 전통 버터다. 일반적인 크림 버터와 달리 치즈를 만드는 과정에서 생기는 부산물로 만들기에 버터에서 치즈의 풍미가 나는 것이 특징이다. 치즈는 종류에 따라 제조 시 사용하는 균이 다양하고, 우유에 가열하는 열이 다르고, 우유가 응고된 상태에서 훼이를 빼내는 시간이 다르다는 등 다양한 변수가 있다. 연성 치즈는 커드를 크게 잘라 훼이를 조금만 빼내고, 경성 치즈는 커드를 작게 잘라 훼이를 최대한 커드 밖으로 빼낸다. 어떤 치즈들은 훼이가 커드에서 서서히 빠져나가게 하룻밤 동안 제조실 탱크에 커드를 두지만 또 어떤 치즈들은 바로 그 자리에서 커드를 건져 내 훼이와 분리한다. 훼이는 상온에 있는 시간이 길수록 치즈 제조 과정 중 넣은 균에 의해 조금씩 발효하기 때문에 어떤 종류의 치즈를 만드는 과정에서 생성된 훼이인지에 따라 그 풍미가 달라지기 마련이다.

풀 뜯으러 가는 젖소들

농장에서 직접 젖소를 길러 그 우유로 만든 치즈에는 '팜하우스 치즈'라는 이름이 붙는다. 영국의 전통 치즈는 규정을 나라에서 관리하는데 제조 조건 중 하나가 생산 지역의 우유 사용이다. 치즈를 만드는 농가에서 우유는 곧 소의 관리로 시작되고, 계절에 따라 유축되는 우유 속 지방과 단백질의 비율이 달라지기에 그들은 소를 잘 먹이고 잘 키우는 데서부터 치즈 제조는 이미 시작된다고 했다. 그간 많은 전통 치즈 농가들을 다닐 때마다 농장 주인들이 나에게 그들의 치즈보다 그들의 소가 어떻게 자라는지를 먼저 보여 준 이유가 여기에 있었다. 퀵스 농장은 500년 동안 14대째 젖소를 키우는 곳으로 이들의 노고가 곧 전통 치즈를 지키는 근간이었다.

토요일 오전, 농장의 치즈 작업은 쉬는 날이었지만 메리는 주말엔 소들이 풀 뜯는 모습을 볼 수 있다고 했다. 농장 사무실에서 만난 해미쉬^{Hamish}는 뉴질랜드에서 영국 남부 시골까지 농장 일을 배우러 왔다고 했다. 그는 흙이 잔뜩 묻은 장화를 신고 세상 편한 미소를 보이며 소가 풀을 뜯으러 이동하는 모습을 보여 줄 수 있다고 했다. 퀵스의 농장은 수백 년째 이어 온 터라 치즈 작업장 주변이 온통 풀이 가득한 평지였고, 나는 농장의 소들이 그저 마당에서 풀을 뜯으리라 생각했다.

> "축사의 모든 소가 길 건너 풀밭으로 이동할 거예요. 시간이 좀 걸려요. 매일 다니는 길이라서 소들도 축사를 나오면 풀을 뜯는 걸 알고 길을 따라 잘 이동해요. 소는 생각보다 똑똑하답니다."

축사를 빠져나온 소들은 해미쉬의 통솔이 없음에도 알아서 숲길을 따라 이동을 시작했다. 이때 해 주는 일이라곤 풀숲에 숨겨 놓은 '소들이 지나갑니다. 천천히 가 주세요.' 표지판을 꺼내어 길목 중간에 놓는 것이었다. 소들은 숲길을 따라 물 흐르듯 이동했고 사진 찍는 소리에 나를 바라보느라 멈칫하기도 했다. 그럴 때면 해미쉬의 워워! 소리에 금세 다시 움직였다. 소들이 지나가는 동

안 자동차 몇 대가 기다리기도 했지만 이런 교통 체증에는 익숙한
듯 소들이 모두 지나가는 10여 분 동안 경적 한 번 내지 않았다.
소들이 들어간 숲길을 따라 나무가 우거진 어두운 길목을 잠깐 걷
자 곧 그림 같은 저택과 함께 들판이 나타났다.

"저 저택이 메리가 어릴 때 살던 집이래요."

외국 동화의 백작쯤 되는 사람이 살았을 법한 작은 성이었다. 농장을 운영하느라 장화나 운동화를 즐겨 신고 주말에는 마당의 산딸기를 따며 소탈해 보이는 그녀는 생각해 보니 거대한 농장의 주인이었음을 잊고 있었다. 분명 수십 마리의 소가 풀숲을 통과해 들어갔는데 넓은 대지에 흩어져 있는 소는 몇 마리 안 되어 보였다. 끝도 없는 들녘에 평화도 이런 평화가 없었다.

> "소의 몸무게는 보통 550kg으로 하루에 80kg 정도의 풀을 먹어요. 마른 건초보다는 풀을 뜯어 먹게 하거나 습한 채소를 갈아 먹여요."

하루에 80kg의 풀을 뜯어 먹으면 며칠 만에 언덕 하나가 민둥산이 될 것 같아 걱정했지만, 농장 근처 거대한 옥수수밭이 있는데 그 밭이 모두 소의 사료용이라고 했다.[*] 그때가 한창 가을이어서 나는 알이 꽉 차오른 그 옥수수를 따다가 메리의 집에서 삶아 먹어 봤는데 사료용이라고 해서 옥수수 맛이 이상한 것도 아니었다. 심지어 냄비에 삶아 놓은 옥수수를 메리가 몇 개나 가져다 먹었다. 영국 사람들도 우리처럼 옥수수를 삶아 먹는지는 모르겠지만

---

[*] 우리나라의 농촌진흥청의 국립 축산과학원 자료에 따르면 소 한 마리가 하루에 먹는 양은 체중의 10~15%이며, 몸무게 400kg 소가 하루에 40~60kg의 생물을 먹는다고 한다.

소금과 설탕을 넣고 삶은 사료용 옥수수가 그렇게 맛있는 건 예상 밖이었다.

소들이 풀을 다 뜯고 나면 다시 숲길을 따라 길 건너의 축사로 이동했고, 해미쉬는 아까 사용했던 표지판을 길 가운데 세워 두곤 모두 축사로 들어갈 때까지 한참을 기다렸다. 그렇게 일정이 끝났나 싶었는데 소들이 두 번이나 지나간 길은 소들의 발에 붙어 있던 흙덩이들, 지나가며 뿜어 댄 분비물 등이 뒤엉켜 도로가 진흙

밭처럼 난리였다. 해미쉬는 풀숲에 숨어 있던 물 호스를 꺼내 오더니 그 난리 난 길목을 깨끗이 치우고는 말했다.

"이제 송아지들 먹이러 가요."

우리는 차를 타고 또 다른 언덕으로 이동했다. 햇살이 눈에 부서진다는 표현이 그대로인 초록 능선에 송아지들이 가득이었고 해미쉬가 나타나자 어미 소라도 만난 듯 송아지들이 달려왔다. 수십 마리의 송아지들을 한 번에 먹일 수 있는 밀크 바^{milk bar}를 끌고 그 가운데에 멈춰 서자 어미 소의 젖을 찾듯 송아지들이 알아서 자리를 잡고 먹기 시작했다. 순식간에 밀크 바의 우유는 동이 났고 모두 먹이고 우리가 떠나려 하자 송아지들이 나를 바라봤다. 마치 '더 없어요?' 하는 애처로운 표정에 더 챙겨 온 우유만 있다면 더 먹이고 싶은 마음이 굴뚝같았다.

송아지가 있는 언덕 근처는 자동차로 지나도 될 만큼의 끝없는 옥수수밭이었고 가을이라 알이 꽉 찬 옥수수가 가득이었다. 초록 초록한 언덕을 몇 번 오갔으니 이젠 일정이 끝났으려나 했지만, 지금부터는 치즈 농장에서 가장 중요한 오후 유축을 해야 한다고 했다. 젖소는 보통 하루에 두 번, 오전과 오후에 유축을 하기에 아직 하루 일정이 끝나지 않았던 것이다.

모든 젖소가 우유를 비워 내고 긴 일정에 내 몸은 이미 지칠 대로 지쳤지만 이제 막 태어난 송아지들까지 챙기고 나서야 해미쉬의 하루 일정이 끝났다. 그저 농장의 소들이 풀을 뜯는 평화로운 모습을 보러 왔건만 유유자적한 소들의 모습은 이 모든 과정에서 잠깐의 시간이었을 뿐 소를 키우는 농부는 숨 쉴 틈이 없었다. 모든 일과가 끝나고 해미쉬는 사무실로 들어갔다. 그리고 나도 조금은 얼이 빠진 얼굴로 농장을 나왔다. 풀을 마음껏 뜯은 소들과 우유를 마음껏 먹은 송아지들은 아마도 만족한 하루였으리라.

메리의 집을 떠나며

메리의 집을 떠나던 날 아침, 그간 사용했던 이불과 베개 커버를 세탁해 뒷마당의 빨랫줄에 널고는 빨랫줄을 장대에 끼워 높이 들어 올렸다. 바람이 세차게 불어 빨래가 하늘로 날아갈 듯 펄럭였다. 분명 조금 전까진 맑았는데 영국 날씨 아니랄까 봐 다시 비가 올 기세였다. 시간이 어느새 열흘하고도 이틀이나 지났다. 처음 메리를 만난 날, 선뜻 자신의 집으로 가자고 하는 그녀에게 나는 하루 이틀이 아닌 2주 동안이나 머물 거라고 말했다. 그녀는 별로 놀라는 눈치가 아니었고 그 경계 없는 마음만큼이나 집의 모습도 그러했다.

메리의 집은 숲속 오솔길 끝에 있는 외따로운 400년 된 농가였다. 잠겨 있지도 않은 현관문을 열고 들어가면 커다란 나무 식탁과 어수선하게 책이 꽂혀 있는 책장, 무쇠로 된 냄비며 프라이팬이 걸려 있는 주방이 바로 보였다. 스콘과 밀크티로 내 허기를 달래 준 메리는 내게 짐을 풀고 쉬고 있으라 하고서는 주섬주섬 도구들을 챙겨 밖으로 나갔다.

"마당에 나갈 거예요. 나는 마당 나가는 게 쉬는 거예요."

메리의 집 마당에는 너른 잔디밭 주변으로 채소가 자라고 있었고, 비닐하우스도 있었고, 빨갛게 익은 산딸기 밭도 있었다. 그곳에서 늙은 오이와 못생긴 당근, 가느다란 레몬그라스와 분홍색 장미꽃을 따 오면 저녁용 샐러드가 만들어졌고 잘 익은 산딸기는 주전부리가 되었다. 메리는 틈만 나면 마당에서 시간을 보냈다. 챙이 널따란 모자에 흙이 가득 묻은 작업복을 입고서 초록 식물들을 애틋하게 돌보곤 했다.

처음 메리를 따라 산딸기를 따러 나갔다가 불쑥불쑥 나타나는 벌레에 기겁했던 나는 그 며칠 사이에 벌레쯤은 손가락으로 툭 쳐낼 만큼 마당에 익숙해졌다. 풀에 대해 아무것도 모르기에 메리만 졸졸 따라다니는 날이 많았지만 그녀의 말처럼 마당을 산책하는 것만으로도 피로가 잊혔다. 어느 날은 정원사로, 어느 날은 농사꾼으로, 또 어느 날은 수백 년간 이어 온 농장을 지키는 오너로 땅에서 하루를 시작해서 땅에서 하루를 끝내는 그녀는 진정한 농부였다.

어느 날 메리에게 이 거대한 농장을 가업으로 이어 가려면 도시에 있는 아들이 돌아와야 하는 것 아니냐고 물었다. 뜻밖에도 그렇지 않다는 답변이 돌아왔다. 지금까지 잘 꾸려 왔지만 꼭 가족이 아니더라도 누군가 잘 이어 가기만 하면 된단다. 마음의 경계가 없는 삶은 생각에서도 경계가 없는 듯했다.

후드득 결국 빗방울이 떨어지기 시작했다. 나는 널어놓은 빨래를 급히 걷어 건조기에 돌린 다음 차곡차곡 개켜 제자리에 가져다 두었다. 그간 머물렀던 별채 침대에도 잘 썼다는 인사를 하고 매일 그랬듯 현관문은 잠그지 않은 채 집을 떠났다. 마지막으로 농장에 들러 메리에게 떠난다는 인사를 건네자 그녀는 언제든 다시 오라고 말했다. 얼마든지 누구와 함께 와도 좋다고 말이다.

퀵스 농장
Quicke's Traditional Ltd.
Home Farm, Newton St. Cyres, Exeter, Devon.

레스터의 붉은 치즈
'레드 레스터'

"안 계시는 건 알지만
농장을 먼저 좀 볼 수 없을까요?"

– 중서부 레스터셔주 레드 레스터 치즈

영국 중부 레스터셔^{Leicestershire}의 작은 마을에 도착한 건 오후 2시가 넘어서였다. 업턴^{Upton}이라는 마을 이름이 큼지막하게 적힌 표지판이 길목에 우뚝 서 있었고, 나는 바람 소리조차 들리지 않는 그 적막한 곳에서 스파큰호^{Sparkenhoe} 농장의 입구를 발견했다.

치즈 제조장으로 보이는 건물 앞에 차를 세우고 잠시 머뭇거리다 문을 두드렸다. 곧 문이 열리더니 하얀 작업복에 머리망을 쓴 아주머니가 경계심 가득한 눈빛으로 내다봤다. 나는 이곳에 찾아온 이유를 설명한 뒤 레드 레스터^{Red Leicester} 치즈 제조 과정을 볼 수 있는지 물었다. 그녀는 농장주가 이곳에 없어 허락해 줄 수 없다고 말했다. 그렇지만 나는 이미 상황을 예상하고 있었다. 그때는 이탈리아 브라^{Bra}에서 치즈 박람회가 열리는 주간이었기 때문이

다. 지난주까지 머물렀던 퀵스 데어리 사람들도 모두 브라로 떠난
다고 했기에 스파큰호의 치즈 메이커들도 브라에 있을 거라 짐작
했다. 다만, 농장주가 돌아올 때를 대비해 미리 말을 전해 놓을 작
정으로 찾아온 것이고 며칠 기다릴 각오가 충분히 돼 있었다.

"저, 실은 짐작하고 왔어요. 지난주에 남부에 있는 퀵스 데어리
에 머물렀는데, 거기 사람들 대부분이 브라에 간다고 했어요.
근처 캠핑장에서 머물면서……."

그런데 그녀는 퀵스 데어리 이야기에 급작스레 경계가 풀린 듯했다. 퀵스 데어리와 300km나 떨어져 있건만 꼭 옆집 이야기를 들은 듯한 반응이었다. 그러고는 바로 안으로 들어가더니 전화기를 들고 나와 이탈리아에 있는 농장주에게 바로 연락을 하는 것이 아닌가.

"데이비드가 허락했어요. 대신 당신의 휴대폰 번호를 알려 달라고 하네요. 직접 연락하고 싶다고요. 내일이 레드 레스터 치즈를 만드는 날이에요. 아침 8시까지 여기로 오면 돼요."

갑작스러운 허락에 되레 의아한 얼굴을 한 건 나였고 그녀는 여전히 불편한 기색으로 "사실 우리는 작업장에 아무나 들이지 않아요."라며 쉽게 들어 올 수 없는 공간임을 못 박듯 말했다.

내가 퀵스 데어리를 떠나던 날, 메리는 치즈 박람회에 참여하기 위해 이탈리아 북부의 작은 도시 브라로 떠났다.* 2년에 한 번 열리는 그 박람회에는 영국을 비롯해 유럽의 치즈 제조자들이 대거 참가하기에 박람회 기간 동안에는 대부분의 치즈 농장을 방문하

• 흔히 '브라 치즈 페스티벌'이라 불리지만, 공식 명칭은 단지 'Cheese' 한 단어일 뿐이다. 브라는 슬로 푸드의 진원지로 유명한 곳이기도 하다. 브라 치즈 페스티벌은 격년으로 9월 셋째 주에 나흘간 열리는데, 참가 인원이 15만 명에 이르는 대규모 축제다. 유럽의 주요 치즈를 볼 수 있을 뿐 아니라 매일 심도 깊은 치즈 콘퍼런스가 열린다. 상세한 일정은 cheese.slow.com에 소개된다.

기 어려울 거라고 했다. 이런 이유로 나 또한 근처 소도시에서 시간을 보내다 닷새 만에 농장을 찾아온 것이었는데, 농장 주인 데이비드 클라크^{David Clarke}는 아직 이탈리아에 있었다. 그러나 그는 레드 레스터를 마음껏 보고 있으라고 심지어 부모님 집 주소를 알려 주며 잠자리가 해결될 거라는 문자 메시지까지 남겨 주었다. 얼굴도 모르는, 타국에서 온 내게 말이다.

50년 만에 다시 태어난 치즈••

레드 레스터는 영국 중부 레스터셔 지역의 치즈다. 붉은색에 가까운 오렌지색 치즈여서 '레스터의 붉은 치즈'라 불리기도 한다. 이 붉은색은 치즈를 만들 때 식물성 염색제인 '아나토'^{annatto}를 첨가해 물들인 것인데, 1800년대 포르투갈을 통해 브라질에서 아나토를 수입하기 전까지는 솔나물을 염료로 사용했다고 한다. 제1차 세계 대전 이전까지 이렇게 솔나물을 이용해 색을 낸 치즈는 '레스터셔 치즈', 아나토를 이용해 색을 낸 치즈는 '레스터 치즈'라 불렸다.••• 솔나물 염색을 한 레스터셔 치즈는 아나토를 사용한 레

••   Trevor Hickman, Historic Cheese DB Publishing(1 May 2009)을 참조했다.
•••   아나토를 이용해 만든 레스터 치즈는 제2차 세계 대전 이후 '레드 레스터 치즈'로 이름이 바뀌었다.

스터 치즈보다 옅은 붉은색이다.

제1차 세계 대전 이후 많은 제조사소규모 농장 포함가 아나토 염색제를 사용했다. 하지만 제2차 세계 대전이 발발하자 영국 정부는 아나토가 치즈 제조에 필수적인 재료가 아닐뿐더러 구입하는 데 비용이 든다는 이유로 수입 금지 조치를 취했다. 이로 인해 레스터 치즈는 고유의 붉은빛을 낼 수 없게 됐고, 레스터 치즈만의 독특함을 잃자 판매량도 떨어졌다. 여기에 영국 정부가 우유 사용까지 제재하자 레스터 지역의 많은 치즈 농가는 결국 문을 닫게 됐다. 1922년부터 레스터셔 서쪽 백워스Bagworth에서 마지막까지 레스터 치즈를 만들어 온 로버트 셰퍼드Robert Shephe는 지역의 정육점•과 치즈 가게에 치즈를 판매하며 농장 운영을 유지했으나 전쟁 중 사정이 어려워지자 한동안 치즈 제조를 멈추었다. 셰퍼드는 전쟁이 끝난 후 1948년부터 레드 레스터 치즈를 다시 만들기 시작했지만 그사이 생겨난 대규모 치즈 제조자들에게 밀려 결국 1956년 농장 문을 닫았다.

이렇게 명맥이 끊기는가 싶었던 레드 레스터 치즈가 부활한 것은

• 　유럽에는 정육점과 치즈 가게가 같이 운영되는 곳이 많다. 정육점에는 생고기만이 아닌 숙성 햄 등이 함께 있는데 숙성 식품이다 보니 치즈와 이질감이 없다. 여기에 더해 햄과 치즈를 함께 넣어 즉석으로 샌드위치를 만들어 판매도 한다.

2005년이다. 레스터셔 외곽에서 젖소 농장을 운영하던 데이비드 클라크David Clark와 조 클라크Joe Clark 부부가 레드 레스터 치즈 제조법이 적힌 낡은 노트를 발견한 것이다. 영국에서 전통 방식 그대로 레드 레스터 치즈를 만드는 단 한 곳의 농장, 나는 그 유일한 장소에 도착했다.

치즈에 주홍색 내기

-솔나물

학명은 Galium verum으로 lady's bedstraw 혹은 yellow bedstraw라고도 불린다. 유채처럼 노란 꽃을 피우는 꼭두서니과 여러해살이풀로 뿌리를 물에 넣어 끓이면 붉은색 염료가 되어 오래전부터 레스터셔 치즈에 색을 내는 데 사용됐다. 치즈에 염료를 사용하게 된 이유 중 하나는 햇빛을 잘 받고 자란 풀을 먹인 젖소에게서 짜낸 우유에는 카로틴(당근 등에 함유된 붉은색소) 성분이 많이 들어가 치즈를 만들면 주홍빛이 감돌기 때문이다. 이런 이유로 색이 있는 치즈가 좋은 치즈라는 믿음이 생겨났고, 염료를 첨가하는 치즈들이 많아졌다.

솔나물은 치즈를 만들 때 우유 단백질을 응고시키는 레닛으로도 사용된다. 잎과 줄기를 다져 끓인 다음 걸러 내면 식물성 레닛이 되는데, 이걸 쓰면 동물성 레닛을 쓴 것보다 응고 시간이 긴 대신 커드 질감은 더 부드러워진다.

-아나토

아나토는 잇꽃나무(Bixa Orellana)의 씨앗으로 브라질 원주민들은 이 씨앗을 갈아 입술에 바르거나(때문에 '립스틱 나무'라고도 한다.) 몸에 바르는 데 사용했다고 한다. 아나토가 영국에 처음 수입된 시기는 19세기다. 워털루 전쟁(1815)에서 프랑스에 승리한 영국은 포르투갈과 동맹을 맺은 뒤무역을 시작했는데, 이때 포르투갈 제국의 식민지였던 브라질에서 들어

온 것이 아나토다. 보통 씨앗을 갈아서 가루로 사용하거나 물에 개어 반죽처럼 만들어 사용하거나 아니면 뜨거운 물에 우려내 사용한다. 옅게 사용하면 노란색, 짙게 사용하면 붉은색이 되며 치즈뿐만 아니라 버터, 소시지, 빵 등 일상에서 접하는 많은 식품에 사용된다.

주홍빛 치즈의 탄생: 우유에 색소 넣기

다음 날 아침, 작업장에 도착한 나는 이전 농장들에서 그랬듯 흰 장화와 흰 셔츠를 받아 탈의실에서 옷을 갈아입고 머리카락은 묶어서 망 안에 꼼꼼히 넣었다. 그런 다음 전날 만났던 아주머니 앞에 반듯한 자세로 섰다.

　"됐네요. 좋아요."

그녀는 어제와 달리 경계심이 많이 누그러진 듯했다. 그녀가 나오라고 한 아침 8시보다 1시간 앞선 7시에 농장에 도착했는데, 덕분에 우유가 막 배트에 채워지는 것부터 볼 수 있었다. 우유는 전날 저녁에 짠 것과 당일 새벽에 짠 것을 섞어 썼다. 작업자들은 총 4500L에 달하는 우유로 가득 채워진 배트를 데우기 시작했다. 스테인리스로 된 배트는 이중 구조로 외벽과 내벽 사이의 파이프에 온수를 흘려보내 배트를 데우는 방식이었다. ^{한국의 온수 보일러와 같은 방}

< 우유의 마블링

^{식이다.} 냉장 탱크에서 보관된 차가운 우유와 젖소에서 갓 짠 따뜻한 우유가 섞여 16℃였던 우유 온도는 10분 후 21.6℃가 됐고, 그러자 곧 스타터가 투입됐다.

1시간 후 우유 온도가 30.9℃까지 올라가자 작업자들은 액체 상태의 아나토를 부었다. 주황색 염료는 하얀 우유에 닿자마자 여러 갈래로 뻗어 가더니 대리석 무늬를 그려 냈다. 우유의 깊은 속까지 색이 잘 물들게 저어 주자 이내 우유 전체가 옅은 주홍빛을 띠었다. 염색제를 넣었을 때의 우유를 상상해 보기는 했지만, 실제

주홍빛으로 물든 우유는 낯설었다. 크롬웰 비숍에서 스틸턴 치즈를 만들 때도 우유에 푸른 액체를 넣긴 했다. 하지만 그건 색소가 아니라 곰팡이균이었기 때문에 푸른색은 번지다가도 곧 우유에 흡수되었다. 물론 우유의 색도 변하지 않았다.

우유에 색을 들이는 이 과정은 아주 오래전부터 해 온 작업일 것이다. 나 역시 프랑스의 미몰레뜨 치즈Mimolette와 같이 색이 있는 치즈를 이미 여럿 본 적이 있었다.이 치즈 역시 진한 주황색이다. 하지만 완성된 치즈를 보는 것과 출렁이는 주홍색 우유를 마주하는 건 전혀 다른 느낌이었다.

아나토가 잘 섞인 우유에는 이제 레닛이 부어진다. 레닛이 우유를 응고시킬 동안 온도는 31℃를 유지한다. 이곳에서도 어김없이 우유가 응고되는 동안 작업자들은 휴식을 취했다. 다시 작업장으로 돌아온 것은 40분 후였다. 치즈 메이커인 셰빌Chevelle 아저씨가 배트 앞에 서서 나를 불렀다. 그는 납작한 치즈 나이프로 푸딩처럼 찰랑거리는 커드를 떠서는 맛을 보라며 내밀었다.

"어때? 달콤하지? 우유 상태가 좋은 거야. 우유 상태가 좋으면 커드도 달지."

수분 가득한 커드가 입 안에서 뭉개지며 진한 우유 맛이 녹아 나왔다. 이곳에서는 살균하지 않은 우유^{raw milk}를 사용하는데, 때문에 소가 어떤 풀을 먹느냐에 따라 치즈 향이 달라진다. 예컨대 비가 많이 내려 풀 상태가 축축하고 좋지 않을 때는 치즈 향이 풍부하지 않은 반면, 날씨가 좋아 햇빛을 많이 본 건조한 풀일 때는 우유 상태도 좋고 치즈에서도 좋은 향이 난다. 셰빌 아저씨는 오늘 우유 상태가 그야말로 최고라고 했다.

비살균 우유(unpasteurized milk or raw milk)

젖소에서 짠 뒤 어떤 가공도 하지 않은 우유를 말한다. 박테리아, 효소 등이 자연 그대로 유지되어서 치즈에 복잡한 풍미를 만들어 낸다. 이뿐만 아니라 숙성 단계를 거치는 동안 실패할 확률이 낮다고 한다. 때문에 치즈 메이커들 사이에서는 비살균 우유에 대한 신뢰가 매우 크다. 하지만 우유를 짜내는 과정에서나 보관 과정에서 균이 발생할 가능성이 높고, 음료로 바로 마실 경우 인체에 질병을 일으키는 원인이 되기도 한다.

1860년대 우리에게도 잘 알려져 있는 프랑스 미생물학자 루이 파스퇴르(Louis Pasteur)가 저온 살균법을 개발했다. 저온 살균이란 63℃의 온도에서 30분간 가열하는 방법이다. 비살균 우유를 먹었을 때 인체에 발생했던 질병들, 가령 결핵이나 장티푸스 발병률이 줄어들자 1908년 미국에서는 저온 살균을 법제화하기에 이른다. 고온 살균법도 있다. 72℃의 온도에서 15초간 살균하는 것으로 뜨거운 파이프에 우유를 짧은 시간 동안 지나가게 하는 살균 방법이다. 초고온 살균법도 있는데, 130~145℃의 온도에서 1초 이상 살균하는 것으로 실온에서 보관·판매되는 음료에 이 방법이 사용된다.

1900년대 이전까지 수 세기 동안 유럽의 모든 치즈는 비살균 우유로 만들어졌다. 이는 비살균 우유를 사용하는 것이 곧바로 균에 의한 질환으로 이어지는 게 아니라는 것을 뜻한다. 실제로 비살균 우유로 만든 치즈로 인한 질병 발병률이 높지 않다는 결과도 있다. 그러나 치즈는 긴 숙성 치즈든 짧은 숙성 치즈든 박테리아 검사를 주기적으로 해야 한다. 또한 우유는 착유와 동시에 냉장 보관해 균의 발생을 방지하거나 혹은 바로 치즈 제조에 사용해야만 오염의 가능성을 피할 수 있다. 많은 치즈 제조자들이 비살균 우유로 만든 치즈야말로 전통적인 풍미를 잃지 않은 진짜 치즈라고 주장하지만, 살균 우유로 만든 치즈들이 전통의 맛을 잃은 것은 아니다. 영국의 원산지 명칭 보호 제도(PDO)의 치즈 제조 규정에는 치즈에 따라 살균 우유와 비살균 우유가 모두 적용된다. 예를 들어 스틸턴의 경우 살균 우유로 만드는 것이 규정이지만 싱글 글로스터(Single Gloucester)의 경우 살균과 비살균을 선택해 만들어도 PDO의 규정에 어긋나지 않는다.

스프링 같은 커드가 압축기에 눌리기까지

푸딩같이 응고된 거대한 커드를 자르는 작업이 시작됐다. 우선 우유의 온도를 40℃까지 데우는데 배트의 파이프에 온수를 흘려 데우기에 우유 온도가 처음엔 천천히 올라가다가도 순식간에 치솟는다. 때문에 우유 온도를 5분마다 확인하면서 파이프에 온수를 천천히 넣었다. 온도를 높이면서 커드를 자르기 시작한 지 1시간이 지나자 파이프에서 온수를 전부 빼내 우유 온도가 더 이상 높아지지 않게 하고 배트 안을 20분간 플라스틱으로 된 기다란 삽으로 휘저었다. 셰빌 아저씨는 몇 분 간격으로 커드를 떠내어 손바닥에 올려놓고 나이프로 누르는 일을 반복했다. 시간에 따라 커드의 크기며 상태가 변하는 걸 본다고 했다.

∧ 대부분 커드 자르기는 커드 나이프를 이용해 작업자가
큰 덩어리만 자른 후 잘게 자르는 작업은 기계를 돌리
는 식이었지만 레드 레스터는 끝까지 작업자 두 명이
수작업으로 진행했다. 거대한 푸딩 사이를 쉼 없이 오고
감을 반복한 후에야 커드는 아주 작은 알갱이가 되었다.

> 셰빌 아저씨는 시간에 따라 커드의 크기와 상태가 변하
는 것을 확인했다.

"커드를 눌렀을 때 스프링처럼 올라와야 해. 이건 아직 천천히 올라오지? 조금 더 있으면 올라오는 속도가 빨라져."

커드가 큰 덩어리 상태일 때는 수분을 가득 머금고 있지만, 잘게 자르고 휘젓는 동안 훼이가 빠져나간다. 순두부처럼 말캉거리던 커드는 작아지는 동시에 단단해지고 탄성이 생기는데 이를 나이프로 눌러 상태를 확인하는 것이다. 이전의 농장들에서는 커드가 작아지면 단단해진다는 결론만 봤는데 이곳처럼 커드의 상태 변화를 확인하는 방법을 알려 준 건 처음이었다.

11시 15분, 이제 커드에서 빠져나온 훼이를 배출할 시간이다. 알갱이로 변한 커드가 무거워지면서 배트 바닥으로 가라앉자 파이프를 통해 깊이가 얕은 배트로 옮겨졌고, 동시에 훼이는 배수구를 통해 빠져나갔다. 훼이가 빠져나간 커드는 한층 진한 오렌지색을 띠고 있었다. 작업자들은 배트에 모래성처럼 쌓인 커드를 평평하게 펼친 다음 ^{체더 치즈를 만들 때처럼} 커드에 남아 있는 훼이를 마저 빼내기 위해 네모난 블록으로 만들었다.

이 블록들을 10분 간격으로 계속 뒤집어 줬는데, 커드 블록이 뒤집힐 때마다 커드 사이에 고여 있던 훼이가 빠져나갔다. 그걸 보면서 나는 이곳에서도 퀵스 데어리와 같은 체더링 작업을 시작하는 것으로 생각했다. 그렇다면 레드 레스터와 체더는 색깔만 다를

1 응고된 커드는 작업의 편의성을 위해 파이프를 통해 깊이가 낮은 배트로 이동했다.

2 커드를 배트 바닥에 평평하게 펼쳐 놓으면 남아 있는 열기에 커드 알갱이들이 녹으며 엉겨 붙는다. 덕분에 커드에 선을 그어 블록으로 잘라서 작업을 할 수 있다.

3 커드를 블록으로 만들어 뒤집으면 커드 사이사이 고여 있는 훼이를 빼낼 수 있다.

4 커드 블록을 잘게 부숴 소금을 골고루 뿌리면
흡사 치즈 팝콘이 배트에 가득한 모습이다.

5 팝콘 알갱이 같은 커드는 몰드에 부어 넣는 대
로 차곡차곡 잘 채워졌다.

6 몰드에 담긴 커드는 놀라울 만큼 화려한 색감
을 표현하고 있었다.

뿐 비슷한 치즈가 아닌가 싶었는데, 체더 치즈와 비슷한 작업은 단지 거기까지였다. 커드 블록을 2단으로 쌓아 고작 네 번만 뒤집었을 뿐, 서로의 무게로 눌러 끝도 없이 훼이를 빼내는 체더링과 같은 과정은 거치지 않았다.

이어 커드 블록을 분쇄기에 넣어 잘게 부순 후, 소금커드 양의 2%을 넣고 골고루 뒤섞었다. 그리고 곧바로 커드를 몰드에 넣었다. 소금을 섞은 커드는 크기나 모양이 팝콘과 비슷했다. 체더링을 하지 않은 커드는 스펀지처럼 튀어 오를 정도의 탄력은 없어 그저 푹 떠서 넣기만 하면 몰드에 차곡차곡 잘 채워졌다. 이 몰드는 압축기에 눌려 48시간을 보낸 후 사흘째 되는 날에 꺼내 모슬린 라드 작업을 한다. 그러니 오늘의 일은 여기까지다. 시간은 이미 오후 3시를 넘어가고 있었다. 아침 7시부터 벌써 8시간째. 이쯤 되니 겨우 촬영만 하며 따라다닌 나도 서 있는 것조차 힘들 만큼 지쳐버렸다. 하지만 치즈 메이커 크레이그craig는 휘파람까지 불어 가며 마무리를 하고 있었다. 내가 지쳐서 넋을 놓고 있으니 그가 괜찮은지 물었다.

　"좀 피곤해서요."

나도 모르게 피곤하다는 말이 나와버렸다. 그런데 크레이그는 진이 다 빠진 얼굴을 하고서도 농담을 했다.

"뭐? 피곤해? 우리는 새벽 4시 반에 일어나 여기 오는걸! 아, 일하는 시간이 얼마나 기다려지는지 몰라."

정말이지 치즈 만드는 일은 엄청난 노동력을 필요로 한다. 농장을 찾아다니며 매번 느끼지만, 보는 것만으로도 노동의 무게가 느껴질 정도다. 작업자들은 저 일을 어떻게 매일 하고 사나 싶을 때가 적지 않았다. 하지만 몸이 지칠 시간이 되면 작업장은 되레 더 시끄러워진다. 소소한 이야기들을 나누며 웃음을 터뜨리고, 그 결에 힘을 얻어 다시 작업에 집중하고 그리고 다음 날에도 그렇게 작업을 시작하곤 했다.

단단한 라드를 사용하는 모슬린 작업

다음 날 아침, 레드 레스터 치즈를 만드는 작업은 어제와 같은 순서로 진행되고 있었다. 여기에 더해 우유에 레닛을 부어 응고시키는 동안 작업장 한쪽에서는 이틀 전에 몰드에 넣어 압축기로 눌러둔 레드 레스터 치즈를 꺼내는 새로운 작업이 시작됐다. 몰드에서 꺼낸 치즈는 표면을 다듬어야 한다. 나이프로 치즈 표면을 다듬는 러빙업 작업을 했던 크롭웰 비숍, 뜨거운 물에 담갔다가 빼냄으로써 치즈 표면을 살짝 녹여 코팅했던 퀵스 데어리와 달리 이곳에서는 우선 치즈 표면에 울퉁불퉁하게 튀어나온 커드부터 매끈하게

1 울퉁불퉁한 표면을 커드 나이프로 다듬어 잘라 낸다.

2 치즈 표면에 라드를 골고루 발라준 뒤 모슬린을 덮어 꼼꼼히 눌러 준다.

3 모슬린을 덮는 작업은 먼저 윗면, 아랫면 그리고 직사각형의 기다란 모슬린으로 전체를 감싸는 순이었다.

4 붉은 오렌지빛의 치즈는 하얀 모슬린을 입고 마침내 발효 준비에 들어갔다.

잘라 낸다. 그다음에는 압력을 균일하게 받지 못해 모양이 한쪽으로 기울어져 있거나 가장자리가 깨진 치즈를 옆에 따로 쌓아 뒀다.

그러고서 의외의 도구가 등장했는데, 바로 다리미였다. 그렇지 않아도 작업장 모퉁이에 왜 전기다리미가 있는지 궁금했는데 치즈에 균열이 생겼거나 깨진 부분을 다리미 열로 녹여 붙이는 기이한 작업을 하는 것이었다. 감탄이 절로 나왔다. 의류의 주름을 펴는 용도 이상을 생각해 본 적이 없건만, 도구의 의외성에 허를 찔린 기분이었다.

이렇게 모양이 정리된 치즈는 모슬린 라드 작업에 들어갔다. 이곳에서는 퀵스 데어리에서처럼 중탕해 녹이지 않고 응고된 하얀 반고체의 라드를 그대로 사용했는데, 실내 온도에 살짝 녹아 손으로 떠낼 수 있을 만한 상태였다. 그래서인지 작업 순서도 퀵스 데어리와는 조금 달랐다. 우선 라드를 한 움큼 떠내 치즈 전면에 손바닥으로 누르듯 골고루 발랐다. 그리고 나서 치즈 윗면과 아랫면에는 둥근 모슬린을 한 장씩, 몸통에는 직사각형 모슬린을 한 장 둘러 작업을 마무리했다. 실온의 라드는 밀가루 풀 같은 되직한 질감이어서 모슬린이 치즈에 착착 감기듯 말끔하게 붙었다.

레드 레스터 치즈의 모슬린 라드 작업은 여러 차례 몰드에 넣었다 빼는 반복 작업을 거치는 체더 치즈의 모슬린 라드 작업보다 훨씬

<　이 농장의 작업은 모두 손으로 이뤄
졌다. 제조장뿐 아니라 숙성 창고에
넣는 일까지 기계의 힘을 빌리지 않
았다. 처음부터 마지막까지 손에서
손으로 무엇보다 귀하게 다뤄졌다.

간단했다. 이 작업까지 마치면 기초 작업은 끝난 것으로 레드 레
스터 치즈는 만들기 시작한 지 사흘 만에 숙성 창고로 옮겨졌다.

레드 레스터 치즈는 10℃의 저온에 습도는 85%로 유지되는 숙성
창고에서 6개월간 머무는데, 창고에 들어간 첫 번째 일주일 동안
은 이틀에 한 번씩 치즈를 뒤집어 주고, 그 후 3주 동안은 일주일
에 한 번씩 뒤집어 준다고 했다. 그리고 나머지 5개월 동안은 한
달에 한 번씩 뒤집어 주는데, 석 달째부터는 치즈 표면에 치즈를
먹고 사는 치즈 진드기가 생겨난다. 때문에 이즈음부터는 솔로 치

∧　처음 나와 인사를 나눴던 그녀는 사실 무지 친절한 치즈 메이커였다.
　그녀는 치즈에 대해 지식이 많았고 열정도 높아 나의 질문에 막힘없이 상세한 설명을 해 주었다.

즈 겉면을 털어 내거나 진공청소기로 흡입하는 후버링hoovering● 작업을 하며 관리한다. 치즈 진드기는 몽고메리 체더 치즈에서 자세히 설명되어 있다. 숙성 창고에서 이렇게 6개월을 보낸 치즈는 표면의 라드를 전부 흡수해 모슬린이 더 이상 끈적이지 않으면 판매되기만을 기다리면 된다.

●　　후버링의 '후버'는 진공청소기를 만드는 회사로 치즈 농장마다 숙성실의 작업자들은 치즈 표면을 청소한다는 말과 동일하게 브랜드의 이름을 사용했다.

전통을 계승하는 스파큰호 농장

농장 주인 데이비드를 만난 건 농장에 도착한 지 이틀 뒤 늦은 오후였다. 그는 이탈리아에서 메리를 만나 내 이야기를 들은 듯 나를 이미 아는 사람처럼 대했고, 농장 안쪽의 집으로 나를 초대해 대부분의 영국인이 그러하듯이 밀크티를 건네며 이야기를 시작했다.

데이비드도 그렇고 아내인 조도 그렇고 집안 대대로 농장을 하며 살아왔다고 했다. 그러던 중 레드 레스터 치즈 제조법이 적힌 오래된 노트를 발견하면서 2005년부터 치즈 제조를 시작하게 되었다고 한다. 사라진 지 50년이나 된 치즈를 만든다고 했을 때 친구들은 그에게 정신이 나갔다며 고생만 할 거라고 말렸지만, 그는 치즈 메이커에게 고작 사흘 교육받은 후 몸으로 부딪치며 치즈 만드는 일을 시작했다.

　　"그런데 농장 이름은 무슨 뜻이에요?"
　　"그건 옛날에 있었던 농장 이름을 붙인 거예요. 처음으로 레스터 치즈를 만들었던 농장 이름이에요."

'스파큰호'는 1745년부터 1875년까지 레스터셔 외곽에 있던 농장이자 레스터 치즈를 만든 조지 채프먼^{George Chapman}이 꾸렸던 농장 이름이다. 스파큰호는 채프먼의 사후에도 130년간 운영됐지만

농장 주인 데이비드는 판매를 앞두고 있는 6개월 숙성된 레드 레스터 테이스팅을 직접 해 주었다.

결국 경제난으로 문을 닫았다. 그리고 데이비드의 농장은 바로 그 스파큰호 농장에서 이름을 가져온 것이다. 50년 만에 부활한 치즈의 전통을 그대로 계승하고 싶었던 그의 뜻이었다.

따끈한 밀크티를 깨끗이 비웠을 때쯤 데이비드가 불쑥 물었다.

"농장 구경은 좀 했나요?"
"음, 치즈 만드는 것도 농장 구경이라면요."

그는 미소 짓더니 바깥을 가리키며 말했다.

"나가죠. 농장 구석구석 탐사하게 해 줄게요."

우리는 먼저 숙성 창고로 향했다. 숙성 창고는 이미 나 혼자 구석구석 구경한 뒤였다. 치즈 제조 과정을 거의 다 보고 나면 나는 많은 시간을 숙성 창고에서 보내곤 했다. 만들 때와는 전혀 다른 모습으로 바뀌어 가는 치즈들을 찬찬히 보고 있으면 마치 그들이 말을 거는 것처럼 느껴진다. 치즈가 수많은 곰팡이를 피워 내면서 자기 이야기를 하면, 나는 그 습한 공기며 냄새로 그들을 이해한다. 이제 막 창고에 들어온 하얀 덩어리는 아무것도 모른 채 잠든 아기처럼 느껴지고, 무수한 곰팡이를 피워 내며 바삐 움직이는 치즈에게서는 삶의 역동성이 느껴지고, 곰팡이도 잦아들고 판매되기만을 기다리는 치즈에게서는 속이 꽉 찬 완숙미가 느껴진다.

숙성 창고에 이제 막 들어온 아직 흰 모슬린에 싸인 치즈는 숙성 초기엔 어두운 녹색의 곰팡이에 얼룩덜룩 덮이고, 숙성이 진행될 수록 불그스름한 갈색으로 변한 뒤, 숙성이 완성될 무렵에는 치즈 속처럼 오렌지색으로 바뀐다.

밖으로 나와 젖소를 풀어놓은 들판을 둘러보던 중, 돌연 커다란 바위 앞에 멈춰 선 데이비드가 마치 숨겨 놓은 보물을 보여 주듯이 말했다.

"이 바윗돌은 옛날에 레스터 치즈를 만들 때 썼던 누름돌이에요."

오래전 레스터 치즈를 만들던 때에는 압축기가 없어 누름돌을 사용했는데, 데이비드는 1800년대에 사용됐던 귀한 골동품을 구해다 놓은 것이었다. 전통을 이어 보겠다고 이리저리 분주했을 그의 모습이 보이는 듯했다.

레드 레스터 치즈가 만들어지는 과정을 다 보고 나서도 나는 데이비드의 집에서 며칠 더 머물렀다. 그의 가족과 함께 동네 펍에서 열린 파티에 다녀오기도 하고, 발이 푹푹 패이는 진흙을 밟으

숙성이 막 시작된 치즈에는 곰팡이가 크게 나타나지만
3개월이 되면 곰팡이 크기가 작아지고
5개월이 되면 외피에 붉은색이 드러난다.

며 농장 안의 젖소들을 보기도 하고, 미처 묻지 못했던 치즈와 관련된 질문들을 모아서 한참 이야기를 나누기도 했다. 그리고 떠나기 이틀 전, 나는 영국 지도를 펼쳐 놓고 데이비드에게 다음엔 어느 치즈 농장에 가면 좋을지 조언을 구했다. 내게 남은 시간과 궁금한 치즈 몇 종류를 언급하자 데이비드는 자신이 농장주들에게 연락해 볼 수 있다며 몇 군데 전화를 걸었다.

"랭커셔 치즈 농장에서 와도 좋대요. 언제든 괜찮다는군요. 그 사람 참 좋거든요."

토요일 아침, 북쪽으로 220km 떨어진 랭커셔 치즈 농장으로 떠나기 전에 데이비드와 가족들에게 작별 인사를 했다. 현관까지 나온 데이비드는 "언제든 도움이 필요하면 전화해요."라고 말했다. 식구들은 작별 인사를 하고 나서도 부엌 창문 너머로 내 차가 떠날 때까지 손을 흔들었다. 그렇게 나는 스파큰호 농장을 떠났다.

스파큰호 농장
Leicestershire Handmade Cheese Co.
Sparkenhoe Farm, Main Rd, Upton, Nuneaton.

가장 독특한 영국 치즈
'랭커셔'

"치즈를 만드는 사람들은 모두
제정신이 아니야!"

— 북서부 랭커셔주 랭커셔 치즈

스파큰호 농장을 떠나 북부로 200km를 올라와 랭커셔 캠핑장에서 주말을 보낸 후, 나는 아침 일찍 목적지에 도착해 회색 벽돌이 불규칙하게 박힌 건물 앞에 차를 세웠다. 차량 내비게이션이 안내하는 대로 따라왔을 뿐 농장임을 알리는 표지판조차 없는 그곳은 너무도 고요해 운동화에 흙 밟히는 소리가 고스란히 들릴 정도였다. 그 정적 속에서 마당을 조심스레 둘러보다가 건물 지붕 아래에 새겨진 농장 이름을 발견했다.

'Mrs. Kirkhams Lancashire Cheese 2007'

유리가 끼워진 나무문을 쭈뼛 열자 작은 사무실을 지나 분주하게 돌아가는 치즈 제조장이 바로 보였다. 한창 작업 중인 사람들을 방해하고 싶지 않아 문 앞에 가만히 서서 누군가와 눈이 마주치기를 기다렸다. 그러다 뒤를 돌아본 작업자가 날 발견했고, 멋쩍은 듯 서 있던 내게 그가 웃는 얼굴로 다가와 인사를 건넸다.

"왔어요? 내가 통화했던 그레이엄이에요."

그저 스파큰호 농장에서 데이비드가 전화를 걸어 나를 소개해 주었을 뿐인데, 그레이엄Graham은 마치 기다리고 있던 친구처럼 날 반겨 주었다. 곧바로 그가 내준 흰 가운과 장화를 착용하고 어깨에 카메라를 걸친 뒤 늘 그랬듯 자연스럽게 작업장 안으로 들어간 순간, 나는 그대로 얼어버렸다.

"저건 설마 치즈를 누르는 압축기인가요?"

그레이엄은 이런 반응에 익숙한 듯 그리고 조금은 자랑스러운 듯 웃었다.

작업장에는 여덟 대의 기계가 벽을 따라 늘어서 있었다. 파랗게 칠해진 두껍고 견고한 철 소재로 곳곳이 물결처럼 둥글게 마감된, 낡았지만 멋스러운 기계였다. 구조는 2단으로 이루어져 있어 치즈 몰드를 두 개 혹은 네 개까지 한 번에 압축할 수 있는데, 기계 윗부분에 배의 조타 핸들을 연상케 하는 손잡이를 돌리면 철판이 내

려와 치즈를 눌러 주는 방식이었다.

"세상에! 손으로 돌려서 쓰는 치즈 압축기는 처음 봐요. 아직도
사용되는 건가요 아니면 진열용인가요? 50년은 넘어 보여요."
"100년도 넘었을 거예요. 우리 할머니 때부터 사용하던 기계
인데 물론 진열용은 아니에요. 지금도 매일 사용하고요. 이제는
어디서도 구할 수 없지만 몇몇 치즈 농장에서는 여전히 사용하
고 있어요."

스크루 치즈 프레서screw cheese presser라 하는 이 기계는 1800년대 후

반에 만들어진 것으로 둥근 핸들을 나사처럼 돌려 높이를 조절하는 방식으로 제작되었다. 이 치즈 프레서는 영국 중부 슈루즈버리Shrewsbury에 살던 토머스 코벳Thomas Corbett이 만들었는데, 그는 농기계를 만드는 엔지니어였다. 1800년대 후반 영국 치즈 농가에서는 이런 수동식 압축기가 많이 생산됐는지 다음에 찾아간 치즈 농장들에서도 비슷한 기계를 찾아볼 수 있었다. 다만 제작자는 모두 달랐다. 예를 들면 레스터셔의 가너와 그의 아들Garner & Son, Leicestershire, 엘스미어의 클레이와 그의 아들Clay & Sons, Ellesmere 같은 식으로 기계마다 제조자 이름과 제조 지역이 함께 새겨져 있었다. 토머스 코벳은 다른 제작자들이 만든 기계에 부품을 공급하기도 했는데, 주로 핵심 부품인 회전판 부분이었던 것을 보면 그는 당시 영국에서 유명한 엔지니어였던 듯하다.

나는 그레이엄의 설명을 들은 뒤에도 한참 동안 압축기 앞에 서 있었다. 대부분의 치즈 농장에서는 전동식 압축기를 이용해 몰드를 열 개 혹은 스무 개씩 겹쳐서 치즈를 압축한다. 압축은 숙성에 들어가기 전 치즈 제조 초기 작업을 마무리하는 과정으로 커드 속에 남아 있는 수분훼이을 빼냄과 동시에 잘게 부수어진 커드를 하나의 덩어리로 뭉치는 역할을 한다. 옛날에는 치즈 위에 두꺼운 나무판을 덮은 후 그 위에 무거운 돌을 얹어 수분을 빼냈지만 한 번에 고작 두 개 정도만 쌓을 수 있었다. 요컨대 이 수동식 압축기는 오늘날의 전동식 압축기와 오래전 돌을 이용해 누르던 방식의 중간 단계인 것이다. 매번 무거운 돌을 들어 올릴 필요가 없고 한 번에 네 개까지 압축할 수 있었으니 당시에는 획기적인 기계였을 테다.

수년 전 내가 찾았던 곳 중에서 스위스 산골의 한 농장이 여전히 돌을 얹어 압축하는 원시적인 방식을 고수하고 있었다. 그리고 요즘은 어느 농장에서든 전동식 압축기를 사용하는데 두 방식 사이에는 기술적인 시간을 뛰어넘은 커다란 간극이 있었다. 중간에 어떤 변화가 있었는지 알 수 없던 내게 이 수동식 압축기는 잃어버렸던 퍼즐 한 조각이었다.

사나흘 묵힌 커드로 만든 치즈

13세기부터 영국 중북부 농가에서 만들어 오던 랭커셔Lancashire 치즈는 '가장 독특한 영국 치즈'라 해도 과언이 아니다. 그도 그럴 것이 사나흘을 묵힌 커드로 만든 치즈이기 때문이다. 농장에서 짜낸 하루치 우유를 치즈 제조에만 썼다면 달랐을지도 모르겠지만, 마시거나 빵을 만드는 데 쓰거나 시장에 내다 팔고 나면 남는 우유의 양은 많지 않았다. 때문에 일단 커드로 만들어 놓고 치즈 제조하기에 충분한 양이 될 때까지 사흘이고 나흘이고 모으는 것이다.최대 2주까지도 모았다고 한다. 이는 점차 랭커셔 치즈만의 독특한 제조

<　　숙성이 완성된 랭커셔의 단면

법으로 정착했다. 하지만 오래전부터 만들어 온 치즈일 뿐 농가마
다 다른 방식으로 만들어 왔기에 제조법은 일정치 않았고, 13세기
에 만들어진 랭커셔 치즈는 지금의 랭커셔 치즈와는 다르다고 알
려져 있다. 제조법이 정리된 것은 19세기 말에 이르러서다. 1890
년, 랭커셔 지역 공무원들이 농가를 다니며 치즈 제조법을 모아
정리했고 이를 농가에 교육시킨 것이다.

< 랭커셔 커드의 첫날 모습. 사각 탱크에 담긴 커드는 몇 차례의 압축 과정을 거쳐 몸속의 훼이를 빼낸 뒤, 사흘째 되는 날 시큼한 냄새와 함께 발효 커드로 사용된다.

이 제조법은 지금까지도 쓰이고 있으며 잘 알려져 있는 랭커셔 치즈 제조법 중 하나다. 이렇게 만들어진 랭커셔 치즈는 대부분 랭커셔 지역에서 소비됐지만, 1500년대에 리버풀^{당시에는 랭커셔주에 속했다.}에서 런던까지 배로 운송됐다는 기록도 있다. 이후 제2차 세계대전 중 다른 치즈들과 마찬가지로 정부의 생산 제한 목록에 들어갔고, 1939년 202곳이었던 랭커셔 치즈 제조 농장은 1948년에 22곳으로 줄어들더니 1970년대에는 7곳으로 줄어들었다. 그리고 그 7곳 중 한 군데가 바로 이곳, 커크엄 랭커셔 농장이다.

'미세스 커크엄 랭커셔 치즈'라는 이름에서 알 수 있듯이 이 농장 창업자는 미세스 커크엄Mrs. Kirkhams이다. 커크엄 부부는 남편 존John이 두 살 때부터 살았던 비슬리 농장Beesly Farm에서 생활을 시작했다. 15세기에 지어진 농가에 살며 젖소를 키웠는데, 우유 가격이 떨어지자 아내 루스Ruth가 농장 한쪽에 있던 작은 건물을 치즈 제조장으로 만들었다. 그리고 그녀의 어머니가 쓰던 도구들을 챙겨 와 외할머니 때부터 3대째 전해 내려오는 전통 레시피 그대로 비살균 우유를 이용해 랭커셔 치즈 제조를 시작했다. 농장에서 키우는 홀스타인 프리지안 젖소•에서 존은 우유를 짜고, 루스는 사흘간 숙성시킨 커드로 치즈를 만들며 부부는 일주일에 7일을 일했다.

시간이 흘러 세 명의 아이가 태어나는 동안 농장 규모가 커졌고 동시에 랭커셔 치즈 제조량도 늘었다. 그리고 세 자녀 중 유일한 아들인 그레이엄이 가업을 잇기 위해 치즈 제조를 배우기 시작한 것이 벌써 30여 년 전이며, 2007년엔 낡은 제조장 건너편에 새로운 치즈 제조장을 세웠다. 그 사이 젖소 수도 많이 늘어 100두가 넘는 중견 농장이 됐다. 루스는 이제 랭커셔 치즈의 전통이 잘 유

•   네덜란드 북부와 프리슬란드 지역 그리고 독일 북부가 원산지인 젖소다. 유축할 수 있는 우유 양이 많고 지방과 단백질의 함량이 높아 치즈 만들기에 수율(收率)이 높다. 전 세계에서 목축에 가장 많이 애용되며 하얀 바탕에 검은 무늬가 얼룩덜룩 있는 젖소의 대표 이미지이기도 하다.

지되게끔 아들 그레이엄을 돕고 있고, 남편 존은 여전히 젖소를 돌보고 있다. 커크엄 가족이 비살균 랭커셔 치즈를 이어 올 수 있었던 건 기본에 충실한 방법을 고집했기에 가능한 것이었으며 그들은 이 전통성을 매우 자랑스러워한다.

조금 다른 아침의 시작

다른 농장들에서는 보통 아침 6시 늦어도 7시에는 치즈 제조가 시작되는데, 이곳에서는 8시가 넘어서야 배트에 우유를 채우기 시작했다. 그레이엄이 함께 작업하는 사람들을 소개해 주었다. 나란히 선 에이미Amy와 사라Sarah는 치즈 데어리에서 흔치 않은 20대 중반 여성인 데다 일란성 쌍둥이였다.

"헐로우, 전 에이미예요. 이쪽이 동생 사라고요."

'헐로우'라는 강한 억양이 이곳이 영국 북부임을 실감케 했다. 에이미가 먼저 치즈 제조 일을 시작했고, 1년 후에 동생 사라가 들어왔다고 했다. 대리석처럼 하얀 피부에 앞치마와 머리망을 착용하고 20대 같지 않은 차분한 모습으로 일하는 그녀들은 꼭 중세 시대 미술 작품에 등장하는 여인들 같았다.

그레이엄은 배트에 우유가 다 채워지자 스타터를 넣었고, 30분 뒤에는 레닛을 넣었다.

"이제 아침 먹으러 가요. 우유는 저 상태로 1시간 반 동안 둘 거예요."

입고 있던 가운과 장화를 벗고 다 같이 작업장을 나섰다. 농장 마당을 가로질러 낮은 지붕에 붉은색 격자 창문이 나 있는 집에 도착해 문을 열자 음식 냄새 가득한 부엌이 바로 보였다. 그곳은 그레이엄의 부모님, 커크엄 랭커셔 농장을 세운 루스와 존의 집이었다. 부엌에서는 어머니인 루스가 손수 요리하고 있었고, 에이미와 사라는 익숙한 듯 식탁에 자리 잡고 앉으면서 내게도 자리를 권했다. 그레이엄까지 모두 앉자 갓 구운 베이컨부터 노른자가 선명한 반숙 달걀 프라이, 치즈까지 완벽한 잉글리시 브렉퍼스트가 차려졌다. 나는 좀 얼떨떨해 머뭇거렸다. 내가 예상한 아침은^{다른 농장들} ^{에서 그랬듯이} 썰렁한 휴게실의 작은 테이블에 모여 앉아 밀크티에 각자 챙겨 온 차가운 샌드위치를 먹는 것이었다. 같이 앉아 있지만 따로 앉아 있는 느낌, 단지 허기를 채우기 위해 잠시 모인 어색한 쉬는 시간이어야 했다.

루스의 식탁은 우유에 레닛을 넣는 아침 9시, 커드를 압축하는 오후 2시 그렇게 하루에 두 번 차려졌다. 3cm가 넘는 두툼한 패티가 빵 밖으로 튀어나온 햄버거와 채소며 햄, 고기가 가득 차 있는 코티지 파이*, 입 안을 상큼하게 해 줄 토마토 샐러드, 밀크티, 주전부리로 먹을 빵 등 메뉴는 매번 바뀌었다. 그 작은 주방에 우리가 도착하면 루스는 뜨거운 기운이 가득한 요리를 오븐에서 꺼내거나 기름으로 찰랑이는 프라이팬에서 튀기고 있던 음식을 내오고는 했다. 식사가 거듭되자 나는 자연스레 내 자리를 찾아 앉게 됐고, 식사를 마치고 나서도 그레이엄 식구들과 이야기를 나누다 천천히 일어서곤 했다. 대화의 주 내용은 내가 어떻게 이곳까지 찾아오게 되었으며 치즈 공부를 왜 시작했는지였고, 나는 치즈 제조 과정에서 궁금했던 것들을 몰아서 그 시간에 그레이엄에게 물어보고는 했다. 식탁 의자에 등을 최대로 기댄 채 밀크티를 마시며 나는 내 이야기를 했고, 그들은 그들의 오랜 농장 이야기를 들려주었다. 사람들이 오는 시간에 맞춰 내어 주는 따뜻한 엄마의 음식을 먹을 때면 나는 낯선 타지도 아니고 치즈 제조장도 아닌 그저 오랜 친구의 집에 머무는 듯했다. 그레이엄의 친근했던 첫인사처럼.

---

* cottage pie. 다진 고기와 채소를 넣고 맨 위에 으깬 감자를 올려 오븐에서 감자가 바삭하게 되도록 굽는 요리다. 영국과 아일랜드에서 주로 만들며, 시골의 작은 농가의 파이라는 운치 있는 이름으로 1791년 즈음부터 시작되었다고 한다.

> 커크엄 부부는 매일 주방에서 함께 요리를 했고 다정함이 가득한 얼굴로 서로를 도와주었다. 바라보는 것만으로도 참 따뜻한 모습이었다.

떠내고 쌓고 자르고 부수고: 커드 만들기

커드를 어떻게 다루는지에 따라 그 성질이 무한히 바뀔 수 있다는 깊은 깨달음을 알려 준 치즈가 바로 랭커셔다. 첫 치즈 여행부터 지금까지 수많은 농장을 다니면서 치즈 제조 과정을 지켜봤지만, 커드의 중요성에 대해서는 깊게 생각해 본 적이 없었다. 어떤 치즈든 우유에 레닛을 넣고 응고된 커드를 자르고 훼이를 빼내는 과정까지는 비슷해 보였기 때문이다. 자른 커드를 어떤 모양의 몰드에 넣는지, 어떤 환경에서 숙성시키는지, 숙성 기간에 따라 어떤 종류의 치즈가 되는지 등 치즈 제조가 '진짜로' 시작되는 건 커드 이후의 과정부터라고 생각했다.

작업장으로 돌아오자 레닛을 부어둔 우유는 단단한 커드로 변해 있었다. 그레이엄은 배트 깊숙이 나이프를 넣어 커드를 자르기 시작했다. 커드는 손가락 한 마디 크기로 잘렸는데 부드러운 젤리처럼 탄력이 있었다. 이제 더 작게 자르겠지 싶었는데, 그레이엄은 작업이 끝났다고 했다.

　　"이렇게 1시간을 둘 거예요."

나는 의아한 표정으로 그레이엄을 바라봤다. 수분이 많은 연성 치즈는 커드를 크게 잘라 치즈 속에 수분이 남아 있게 하는 반면, 수분이 적은 경성 치즈는 수분을 최대한 빼내기 위해 커드를 쌀알 크기로 자른다. 그런데 랭커셔는 단단한 치즈임에도 커드의 크기가 큰 편이었다.

1시간 뒤, 배트 배수구를 열어 훼이를 배출하기 시작했다. 훼이가 반 이상 빠져나가자 배트 아래로 가라앉은 커드가 드러났다. 에이미와 사라는 납작한 사각형 모양의 작은 삽처럼 생긴 레이들^{ladle}을 들고 와 가장자리의 커드만을 떠서 배트 가운데에 쌓았다. 레이들로 커드를 떠내면 커드 사이사이에 고여 있던 훼이가 주르륵 흘러나왔다. 기다란 타원형인 배트를 따라 돌면서 커드를 계속 떠내자 배트 안에는 육상 트랙처럼 훼이가 흐르는 물길이 만들어졌다. 1시간 반 동안 에이미와 사라는 허리 한 번 펴지 않고 4m 길이의 배트를 돌며 커드를 떠내 옮겼고, 쌓이고 쌓인 커드는 서로의 무게에 눌려 부피는 줄고 질감은 단단해졌다.

이틀째부터는 나도 카메라를 내려놓고 커드 떠내는 작업을 함께했다. 옆에서 볼 때는 쑥쑥 쉽게 떠지는 것 같았는데 막상 레이들을 들고 나서니 시작부터 쉽지 않았다. 깊이 1m의 배트 안으로 허리를 굽혀 커드를 떠내려 하자 레이들이 커드 사이에 압축되듯 붙어 빠지지 않았다. 마치 진흙을 삽으로 뜰 때 진흙의 높은 밀도가 삽에 압력을 가하는 것 같은 느낌이었다. 물론 진흙 속 삽만큼은 아니었지만, 커드는 매번 처억처억 압력을 밀치는 소리를 내야 겨우 떠낼 수 있었다. 그렇게 어렵사리 커드를 떠내고 있으려니 에이미가 나를 향해 레이들을 45° 각도로 세워 보였다.

"경사를 만들면서 떠내야 훼이가 지나가는 물길이 생겨요."

에이미의 말대로 레이들을 조금 세워 커드를 사선으로 떠내니 압력이 약해지고 훼이가 흐르는 물길도 자연스럽게 만들어졌다. 훼이는 배트 외곽을 따라 타원형을 그리며 빠져나가야 하는데, 물길을 열어 주는 동시에 커드를 배트 가운데에 쌓는 일이 좀처럼 쉽

지 않았다. 에이미가 할 때는 마치 이미 있던 길인 양 훼이가 잘 흘러 나갔지만, 나는 커드를 떠내는 깊이부터 균일하게 맞추지 못해 자꾸 물길이 울퉁불퉁해지면서 막혀버렸다. 더구나 떠내는 속도가 느려 가운데에 쌓아 올린 커드가 자꾸 밀려 내려왔다. 그들이 왜 허리 한 번 펴지 않고 빠른 손놀림으로 커드를 떠냈는지 직접 해 본 후에야 이해할 수 있었다.

그 단순하고도 반복적인 작업은 1시간 반이 지나서야 끝이 났는데 숨을 고를 겨를도 없이 곧바로 2차 작업에 들어갔다. 수분이 빠져 단단해진 커드를 작은 블록으로 자른 후 바로 옆에 있는 너비 2m, 폭 1m 크기의 사각 탱크로 옮겼다. 남은 훼이를 마저 빼내기 위해서다. 찜통처럼 바닥에 구멍이 뚫려 있는 탱크에 흰 천을 깔고, 커드를 채우고, 패널로 덮은 다음 공기압 호스를 꽂아 압력으로 훼이를 빼낸다. 5분 후, 패널을 치우고 압축돼 단단해진 커드에 가로세로 선을 그어 작은 블록으로 자르고 일일이 손으로 10여 분간 부순 후 다시 패널을 덮는다. 이번엔 5분이 아니라 1시간 동안 압축한다. 그리고 또다시 패널을 치우고 이전보다 훨씬 단단하게 눌린 커드를 손으로 부수는 작업만 20분이나 했다. 이렇게 해야만 커드 속 훼이를 최대한 많이, 골고루 빼낼 수 있기 때문이다. 이 작업을 총 세 번 반복한 뒤, 마지막에는 패널을 덮은 채 다음 날까지 눌러둔다. 오후 4시, 온몸이 녹초가 된 뒤에야 마침내 오늘의 작업이 끝났다.

커다란 탱크에 커드를 넣고 압축해서 훼이를 빼낸 다음 단단하게 뭉친 커드에 선을 그어 자른 뒤 일일이 손으로 부순 후 다시 압축하는 과정은 세 번이나 반복되었다. 두부같이 말랑해 보이는 커드는 압축 과정을 거치면 손으로 부수기 쉽지 않았는데 이 과정은 바라보는 것만으로 온몸이 녹초가 되는 시간이었다.

끝을 짐작할 수 없는 치즈: 제조 과정부터 숙성까지

다음 날, 탱크 안에서 패널에 눌린 채 하룻밤을 보낸 커드는 납작한 덩어리로 뭉쳐져 있었다. 다시 커드 나이프 들고 작은 블록으로 잘랐다. 밤새 압축돼 수분이 빠질 대로 빠진 커드는 손으로 부수기 힘들 만큼 단단했는데 이번엔 손이 아닌 분쇄 기계에 넣어 갈아 냈다. 분쇄 작업이 정리되자 그레이엄이 작업장 한쪽에서 바퀴 달린 커다란 플라스틱 탱크 두 개를 끌고 왔다. 하나는 비어 있었지만 다른 하나는 블록 형태로 잘린 커드가 반쯤 채워져 있었고, 무심결에 뒷걸음질 칠 만큼 시큼한 냄새가 밀려왔다.

< 이동식 탱크 안의 커드에서는 시큼한 냄새가 물씬 올라왔다. 우유빛이었던 커드는 노랗게 변해 있었고 훼이가 바닥에 흥건하게 고여 있었다.

"냄새가 많이 나죠? 엊그제 만든 커드예요. 오늘이 사흘째죠."

매일 아침 작업장에 도착하면 이틀 전에 만들어 둔 커드가 담긴 이동식 탱크를 항상 볼 수 있었다. 탱크에 얼굴을 살짝만 가까이 해도 시큼한 냄새가 물씬 올라오는데, 랭커셔 커드의 산성도는 일반 커드보다 약 4배나 높다. 보통은 커드가 발효되어 산성도가 높아지는 것을 막기 위해 훼이를 어느 정도 빼내자마자 바로 분쇄해 소금을 섞지만, 랭커셔 치즈는 발효가 진행되도록 사흘 동안 상온에 커드를 내버려 둔다.

나는 도대체 랭커셔 치즈의 끝을 짐작할 수 없었다. 경성 치즈임에도 커드는 크게 자르고, 수분이 가득한 커드를 쌓아 올리는 방식으로 훼이를 빼내고, 압축으로 단단해진 커드는 일일이 손으로 부수고, 이제는 사흘간 묵힌 커드를 사용한다니. 그레이엄이 두 종류의 커드를 손가락으로 으깨어 보여 주며 말했다.

"만든 지 사흘째인 이 커드는 질감이 크림 같지만 전날 만든 이 커드는 아직 부슬부슬한 알갱이가 있고 신선한 맛이 나죠."

발효가 진행될수록 커드는 뭉개지듯 부드러워진다. 랭커셔 치즈는 사흘 된 커드와 전날 만든 커드를 반반씩 섞어 사용하는데, 늘 이렇게 이틀 전에 만든 것과 하루 전에 만든 것을 함께 써야 하기

> 커드 섞어 몰드에 넣기

에 랭커셔 농장은 하루도 쉬는 날이 없다.

다음 과정부터는 여느 치즈와 비슷했다. 분쇄기에 넣어 잘게 갈린
커드에 소금을 넣은 다음 마침내 몰드에 담는다. 몰드에 담긴 커
드는 작업장 벽을 따라 늘어선 수동식 압축기에서 수분을 뺀다.
소금을 넣는 이유는 삼투압으로 커드 속에 그나마 남아 있는 수
분조차 더 빼내기 위해서다. 단단한 랭커셔 치즈의 기초가 이렇게
완성되었다.

1 틀에서 치즈를 빼낸 후 치즈에 둘러싸인 천을 벗겨 낸다.

2 치즈의 울퉁불퉁한 면을 정리해 치즈 윗면에 올린다.

3 원형 모슬린을 덮는다.

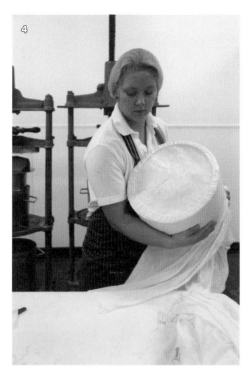

4 원통형 모슬린을 씌운다.
5 모슬린의 줄을 잡아당겨 고정시킨다.
6 치즈 만든 날짜를 적는다.

다음 순서는 당연히 '모슬린 라드 작업'일 것 같지만, 랭커셔 치즈는 여기서도 남달랐다. 먼저 24시간 동안 수동식 압축기 아래에 있던 치즈를 몰드에서 꺼내 울퉁불퉁하게 튀어나온 윗면과 아랫면을 작은 나이프로 다듬는다. 독특한 것은 이 과정에서 나온 치즈 부스러기들을 버리지 않고 치즈 윗면에 올린다는 점이었다.^다른 농장에서는 잘라 낸 부분을 버렸다. 그러고 나서는 둥근 모슬린 두 장으로 치즈 위아래를 덮은 다음 원통형 모슬린을 씌웠다. 이 원통형 모슬린은 양 끝에 끈이 달린 형태로 치즈에 씌우고서 끈을 잡아당겨 묶는 식이다. 후드 티셔츠의 모자에 달린 두 줄을 잡아당기면 모자가 오므라지는 것처럼 말이다. 라드를 접착제 삼아 모슬린을 붙였던 이전의 농장들과는 전혀 다른 방식이었다.

이렇게 모슬린을 씌운 치즈를 다시 몰드에 넣어 압축기로 2시간 동안 누르면 치즈 표면에 모슬린이 말끔하게 붙는다. 이를 서늘한 13℃ 저장고에 하루를 두며 표면의 수분을 말린 뒤, 라드가 아닌 중탕으로 녹인 무염 버터를 모슬린이 씌워진 표면에 바른다. 여기까지가 치즈를 만들기 시작한 지 닷새째다. 닷새째에 비로소 치즈는 숙성 창고에 입성하게 된다.

농장의 가장 바깥쪽에 있는 숙성 창고는 냉장용 팬이 쉴 새 없이 돌아가 꽤 시끄러웠다. 숙성 창고로 옮겨진 치즈는 13℃의 온도에서 3~6개월 정도 숙성시킨다. 치즈 아이언을 들고 온 그레이엄이

<　'닐스 야드 데어리에 팔렸으니 이동하지 마시오'라는 문구가 붙은 완성된 랭커셔.
>　숙성이 완성된 치즈에는 손바느질로 일일이 종이 라벨을 달아 주었다.

숙성 3개월째인 치즈들을 골라 맛보게 해 주었다.

> "랭커셔는 딱 3개월 숙성이 좋아요. 질감이 부드럽고 맛이 강하지 않거든요."

그 치즈는 오전에 맛본 6개월 숙성 치즈보다 신맛이 덜하면서 그레이엄의 말대로 부드러웠다. 나는 그때까지 치즈를 살 때 기왕이면 숙성 기간이 긴 것을 고르곤 했다. 시간이 지날수록 더 건조해지고 더 단단해진 치즈를 잘라 먹을 때면 깊숙이 숨어 있던 치즈 맛을 찾은 듯한 느낌이 좋았다. 하지만 랭커셔 치즈는 오랜 숙성 끝에 생겨나는 진한 맛보다는 짧은 숙성이 본연의 맛을 잘 드러냈다. 정말이지 제조 과정에서부터 숙성 후까지 어떠할 것이라는 예측을 전부 빗겨 간 치즈였다. 런던의 닐스 야드 데어리에서는 랭커셔 치즈를 8개월까지 숙성해 판매하기도 하는데, 이는 오래 숙성시킨 랭커셔 치즈 맛을 좋아하는 고객도 있기 때문이라고 했다. 고객의 요청에 따라 더 숙성 후 판매하기도 한다.

미세스 커크엄 랭커셔 치즈

엿새간 머물렀던 농장을 떠나는 일요일 아침. 나는 그간 빌려 썼던 캐러밴을 구석구석 정리하느라 분주했다. 이곳에 도착한 날부터 그레이엄은 근처 캠핑장에서 머물겠다는 나를 이틀 동안이나 설득해 그의 집 마당에 있는 캐러밴에서 지내게 해 주었다.

> "우리 집 2층에 남는 방이 있어요. 오늘은 우리 집으로 가는 게 어때요? 날이 너무 춥지 않아요? 집이 불편하다면 마당에 캐러밴이 있어요. 중고로 샀지만 새것처럼 깨끗하답니다. 캠핑장은 너무 춥고 불편하지 않겠어요?"

물론 캠핑장은 춥고 불편했다. 그렇지만 매번 농장주의 집에서 신세를 지는 게 미안하기도 했고, 무엇보다 그레이엄에게는 세 살배기 딸이 있어 가족들의 생활 리듬을 깰까 봐 걱정스러워서 나는 여러 번 사양했다. 그런데 그레이엄이 포기하지 않았다. 그는 날 볼 때마다 겨울처럼 추운 날씨라며 가족을 대하듯 챙겨 주었고, 결국 나는 캐러밴으로 숙소를 옮겼다. 마당에 있는 거대한 캐러밴은 나의 5인승 RV 자동차와는 비교할 수 없는 천국이었다. 낮은 천장 아래 구부정하게 앉아 전기 플레이트에 밥을 해 먹을 필요도, 침낭에 들어가 시트를 젖힐 필요도, 찬바람을 맞으며 샤워장까지 갈 필요도 없었다. 창문으로 밖을 보며 소파에 앉아 일정을 정리하고, 가스레인지로 요리해 식탁에서 밥을 먹고, 음악까지 켜 놓고 따뜻한 물로 샤워를 하니 호사스러운 특급 호텔이 따로 없었다. 결국 그 편안함에 몸이 흐물흐물 풀려 계획보다 하루를 더 머물고 떠나게 됐다.

그레이엄은 치즈를 만드는 사람들은 전부 '미쳤다'고 했다. 숨 쉬 듯 반응하는 커드를 매일같이 챙겨야 하고, 주말도 휴일도 없고, 온몸을 써 가며 일해야 하는 고된 작업이기 때문이란다.

"그래, 나도 정신이 나간 거지. 그런데 민희도 미쳤어. 이 먼 나 라까지 치즈를 찾아다니는 용기는 정말 미친 거야."

우리는 서로에게 'Crazy!'를 연발하며 작업장이 떠나가도록 웃었 다. 농장을 나서는 길, 하루 두 번씩 푸짐한 영국식 백반을 차려 준 어머니 루스와 아버지 존에게 작별 인사를 했다. 그들은 그들이 만들었던 음식보다도 더 따뜻하게 나를 안아 주었다. 마지막으로 나는 붉은 벽돌로 지은 아담한 집 앞에서 노부부의 다정한 사진을 찍어 그간 찍은 사진들과 함께 그레이엄의 컴퓨터에 옮겨 주고 자 리에서 일어났다.

"치즈 싸 줄까?"

그레이엄이 숙성 창고에서 잘 익은 랭커셔 치즈를 큼지막하게 잘 라 내 가방에 넣어 주었다. 엄마의 마음처럼 따뜻해서 떠나기 싫 었던 친구의 집, 미세스 커크엄 랭커셔 농장이었다.

커크엄 랭커셔 농장
Mrs. Kirkhams Lancashire Cheese Ltd.
Beesley Farm, Mill Lane, Goosnargh, Preston, Lancashire.

지방 비율이 이름인
치즈 '글로스터'

—

"할머니, 석 달 후에
할머니 댁을 방문해도 될까요?"

– 중서부 글로스터셔주 글로스터 치즈

랭커셔에 있는 그레이엄의 농장을 나온 뒤 남쪽으로 차를 몰았다. 방문을 계획했던 농장들 중 가장 북쪽에 있는 랭커셔 농장이 마무리되면서 여행 일정은 반환점을 돌아 후반부에 들어섰고, 앞으로 봐야 할 치즈도 두세 개뿐이라 마음도 가벼웠다. 더군다나 그레이엄이 미리 연락을 해 준 덕에 그저 농장에 도착만 하면 제조 과정을 전부 볼 수 있는 상태였다.

이틀 동안 쉬엄쉬엄 150km를 운전해 약속한 농장에 도착했다. 이곳은 영국에서도 오랜 전통에 명성 높은 농장으로 치즈 제조 도구들 또한 옛것 그대로 사용한다고 했다. 그런데 작업장 주변이 이상할 만큼 한가했다. 아무리 작업장 안에서 치즈를 만든다 해도 사람들이 오가는 소리며 이런저런 소음이 전혀 들리지 않았다. 그저 하루쯤 쉬는 날인가 짐작했건만 이를 어쩐다. 치즈 재고가 많아 일주일간 작업을 할 수 없다고 했다. 마음이 쿵 가라앉고 머릿속이 하얘졌다. 어쩐지 일정이 너무 술술 풀리더라니.

남은 여행 기간은 3주. 일일이 연락해 방문 허락을 받고, 농장에 찾아가고, 치즈 만드는 날까지 맞추려면 적어도 일주일이 소요된다.• 만약 일이 잘 풀리지 않는다면 열흘쯤은 순식간에 지나가버릴 것이다. 게다가 이미 프랑스행 페리를 예약해 놓았다. 영국 남쪽 끝 항구로 내려가 페리를 타고 프랑스로 넘어가는 데 이틀 정도의 시간을 빼 두어야 하니, 3주도 채 남지 않은 시간 동안 농장만 찾아 헤매다 아무 소득 없이 프랑스로 넘어갈 수도 있었다. 나는 서둘러 다음으로 찾아갈 농장에 전화를 걸었다. 하지만 결국 불안한 예감은 적중하고 말았다. 미리 방문 약속을 잡아 둔 곳이 있었는데도 막상 찾아가겠다고 하니 말이 달라졌다. 제조 과정은 보여 줄 수 없고 대신 찍어 둔 사진이 많다고 했다. 도로 위에서 전화기만 붙들고 있은 지 몇 시간째. 해가 진 하늘은 어느새 어둑해지고 있었다. 궁지에 몰린 마음으로 치즈 농장 목록을 다시 뒤지기 시작했다. 영국 남쪽의 농장들을 손가락으로 급하게 짚어 나가

•   농장마다 치즈 만드는 날이 다르다. 랭커셔 농장은 일주일 내내 치즈를 만들었지만, 어떤 농장은 일주일에 이틀만 만들기도 한다.

다가 석 달 전 바르셀로나에서 연락했던 할머니의 치즈 농장이 불쑥 떠올랐다.

긴 신호음이 몇 번 울리다 전화를 받은 건 연세 지긋한 할머니였다.

"저, 글로스터 치즈를 만드는 스마트 치즈 데어리인가요?"

나는 머뭇거리다 어렵게 첫마디를 꺼냈다. 그건 내 생애 첫 영국인과의 통화였고 더군다나 영국에서 1600km나 떨어진 스페인 바르셀로나에서 건 전화였다.

"맞아요. 글로스터 치즈를 만드는 농장이에요."

나는 먼 나라의 할머니에게 내 불안정한 영어 발음이 통했음에 안도하며 혹시 3개월 뒤 가을쯤에 농장을 방문해도 좋을지 여쭈었다.

"농장엔 언제든 와도 돼요. 우리는 전통적인 방식으로 작업을 하는데 난 나이가 들어서 더 이상 치즈를 만들지 않아요. 이젠 우리 아들이 만들어서 아들과 통화를 해야 하는데 일이 오후 4시 넘어서 끝나요. 그때 다시 전화를 주겠어요?"

할머니는 많이 연로하신 듯 목소리가 떨렸지만 따뜻한 음성에는 배려가 묻어 있었다. 나는 아직 시간이 많이 남았으니 농장에 갈 즈음에 다시 연락하겠다고 말하곤 혹여 긴 통화에 힘드실까 싶어 서둘러 감사 인사 후 전화를 끊었다. 그게 석 달 전이었다.

농장주가 예순이 넘어서야 글로스터 치즈를 만들기 시작했다는 치즈 책《THE REAL CHEESE COMPANION》에 쓰인 내용이 마음에 와 닿아 덜컥 전화를 걸었던 그곳이 그제야 생각난 것이다. 할머니의 친절했던 목소리를 기억해 낸 나는 무작정 스마트 데어리에서 50km 떨어진 곳의 캠핑장에 자리를 잡았다. 이런저런 걱정이 들지 않은 건 아니었다. 고작 몇 분간의 통화였고, 석 달이나 된 일을 연세 지긋한 할머니께서 아직 기억하실지도 의문이었다. 거절당할 수많은 이유에 시달리며 밤새 잠을 설친 다음 날 아침, 불안감을 가득 안고 농장에 전화를 걸었다.

> "내가 치즈를 만드는 이 농장의 아들입니다. 어머니가 말씀하신 적이 있어요. 기억하고 있죠. 한국에서 온 사람이 전화를 했다고 하셨어요. 오늘부터 사흘 동안 치즈를 만들어요. 오늘은 이미 시작됐지만 와서 봐도 돼요."

한 번 풀린 인맥으로 너무 쉽게 치즈를 찾아다닌 몇 번의 요행은 여기에서 끝이 났다. 다시 원점으로 돌아와 가차 없는 거절과 수많은 시도 끝에 농장 하나를 겨우 발견했던 원래의 방식으로 치

영국에서 가장 오래된 재래종인 올드 글로스터 젖소의 우유로 만든 다이애나 스마트 할머니의 싱글 글로스터 치즈.

즈를 찾아냈다. 모든 일은 기본을 벗어나지 않아야 한다는 법칙이 있었던 게다.

오직 글로스터 젖소 우유로만 만드는 치즈

내 전화를 받았던 할머니 다이애나 스마트Diana Smart는 예순이 넘어서 치즈 제조를 시작했다. 오랫동안 젖소 농장을 운영해 왔지만, 제대로 된 치즈를 만들기 위해 1980년대 중반에서야 만아들과 함께 시작했다고 한다.

이들이 만드는 치즈는 글로스터, 즉 영국 중남부의 글로스터셔Gloucestershire에서 만들어지는 치즈다. 글로스터 치즈는 더블 글로스터와 싱글 글로스터 두 종류로 나뉜다. 글로스터라는 이름은 공유하지만 제조 방식, 지방 함량, 숙성 기간은 물론 판매되는 지역 범위까지 많은 부분에서 다른 치즈다. '더블' 혹은 '싱글'이라는 구분은 더블 글로스터가 싱글 글로스터에 비해 더 크고 두껍기 때문이라는 주장도 있지만 지방 함량에 따른 것이라는 주장도 있다. 싱글 글로스터는 더블 글로스터에 비해 지방 함량이 낮은데, 크림을 분리한 우유로 만들어지기 때문이다.

더블 글로스터 치즈는 전날 저녁에 짠 우유와 다음 날 아침에 짠 우유를 섞어 만드는데 농장에 따라 크림을 추가하는 곳도 있다. 아나토 색소를 첨가하기에 숙성된 더블 글로스터 치즈는 어두운 오렌지색 혹은 붉은색에 가까운 오렌지색을 띠며 숙성 기간은 짧게는 3개월, 길게는 8개월이다. 글로스터셔뿐만 아니라 다른 나라에 수출까지 될 만큼 인기 높은 이 치즈는 20세기 들어 공장에서 대규모로 생산되었고 글로스터 외의 지역에서도 만들어지고 있다.

반면 싱글 글로스터는 전날 저녁에 짠 우유에서 크림을 분리한 후 다음 날 아침에 짠 우유와 섞어 만든다.아침 우유에서는 크림을 분리하지 않는다. 색소를 첨가하지 않기 때문에 숙성된 싱글 글로스터는 어두운 상아색을 띠며 숙성 기간도 8~12주로 짧은 편이다. 사계절 내내 만들어지는 더블 글로스터와 달리 싱글 글로스터는 농장에 따라 봄에만 한정적으로 만들어지기도 한다. 또 다른 차이점은 싱글 글로스터는 원산지 마을 근교에서만 판매되기에 생산량이 적고 이름도 그만큼 덜 알려졌다. 때문에 '글로스터 치즈' 하면 더블 글로스터를 떠올리는 이들이 적지 않다. 그렇지만 싱글 글로스터는 여전히 전통적인 방식을 고수해 소규모 생산이 이루어지고 있으며, 1997년 원산지 명칭 보호PDO를 부여받아 현재는 글로스터 지역에서만 생산할 수 있다.

스마트 데어리에서는 더블 글로스터와 싱글 글로스터 둘 다 만든다. 전통적인 싱글 글로스터는 올드 글로스터 소Old Gloucester Cattle에

∧ 오른쪽의 싱글 글로스터는 색소를 첨가하지 않아 상아색을 띠며 왼쪽의 더블 글로스터는
   아나토 색소를 첨가해 오렌지색을 띤다.

∨ 싱글 글로스터(위), 더블 글로스터(아래).

서 짠 우유로 만들어야 하는데, 이 소의 개체 수가 많지 않던 1970 년대에는 치즈 제조에 필요한 우유를 확보하기가 어려웠다. 때문에 전통 방식 그대로 치즈를 만들고 싶었던 다이애나 할머니는 치즈 제조를 계속 미루다 1980년대에 들어와서야 비로소 시작할 수 있었다.

올드 글로스터 소는 영국에서 가장 오래된 재래종으로 글로스터 셔에서 1000년 전부터 살아왔다고 한다. 높은 단백질과 높은 지방 함량으로 치즈 만들기에 좋은 우유를 생산하며 힘이 좋아 농사 일도 함께 해 왔다. 이런 이유로 13세기까지는 품질 좋은 고기와 우유를 만드는 소로 유명했지만 18세기에 들어서면서 새로운 품종의 소, 더 좋은 육질이나 더 많은 우유를 제공하는 소들로 대체되면서 1972년에 멸종 위기에 내몰렸다. 이에 '올드 글로스터 소 협회'Old Gloucester Cattle Society가 꾸려져 이 종을 보호하기 위한 노력을 기울였고, 현재 750마리까지 늘어났지만 여전히 보호종으로 지정되어 있다.

크림을 분리한 후 만드는 치즈, 싱글 글로스터

아직 별이 총총한 새벽, 농장에 도착했다. 늦잠을 자면 어쩌나 싶어 새벽 2시 반부터 잠에서 깨 이리저리 뒤척이다가 4시가 조금

넘은 시각에 그냥 일어나 버렸다. 촬영하다 졸음이 쏟아질까 봐 커피도 끓여 마시고, 체력이 금세 떨어질까 봐 빵에 치즈를 녹여 넣어 열량 높은 아침도 챙겨 먹었다. 아직 10월인데 간밤에 기온이 많이 내려갔는지 코가 시릴 만큼 자동차 안이 추웠다. 시동을 켜 차 안을 데웠지만 공기에서는 차가운 겨울 냄새가 났다.

이틀 전 오전, 농장에 도착해 더블 글로스터의 제조 과정을 한 차례 촬영했지만 항상 우유가 배트에 채워지는 시작점부터 봐야 하는 성격 탓에 기어이 새벽부터 길을 나섰다. 몸을 추스르고 농장에 도착한 시간은 6시 10분. 싱글 글로스터 제조가 시작되는 시간에 정확히 도착했다.

아직 어두워서 길도 잘 보이지 않는 농장을 찾아 들어가 모퉁이에 주차했다. 두꺼운 나무문을 조심스레 밀고 작업장으로 들어가자 차갑게 가라앉은 새벽의 공기만큼이나 작업장 또한 너무도 고요했다. 하지만 배트에는 이미 우유가 가득 차 있었고, 기다란 나무 막대로 우유 속을 천천히 젓고 있는 로드^{Rod} 아저씨가 보였다. 로드 아저씨는 피곤이 가득한 얼굴로 내게 눈인사를 했다. 치즈 제조 일정이 없던 전날에도 더블 글로스터 뒤집기 등의 뒷 과정을 보러 농장에 왔기에 벌써 사흘째 방문이었다. 아저씨와는 그새 눈인사를 나눌 정도의 친분이 생겼다.

싱글 글로스터를 만드는 첫 단계는 우유에서 크림을 분리하는 것이다. 전날 저녁에 짠 우유를 표면이 넓은 그릇에 담아 6℃의 온도에 보관한다. 밤새 우유 속 지방 성분인 크림이 표면에 떠오르는데, 이 크림을 걷어 내면 저지방 우유^{skim milk}가 된다. 이 우유를 당일 새벽에 새로 짠 우유와 반반씩 섞어 배트에 채우면 치즈 제조 작업이 시작된다.^{새로 짠 우유에서는 크림을 걷어 내지 않는다.} 그리고 우유는 살균하지 않는다.

먼저 600L의 우유에 분말로 된 스타터•를 넣은 다음 25분 뒤에 레닛을 넣고 1시간 50분 동안 그대로 둔다. 응고된 커드를 자르는 작업은 오전 9시가 되어서야 시작됐는데, 로드 아저씨는 커드를 겨우 5분 동안만 큰 조각으로 자를 뿐이었다. 그러고 나서는 새벽에 우유를 저을 때 사용하던 기다란 나무 막대로 다시 배트 속을 젓기 시작했다.

　　"지금 커드 온도가 34℃인데 38℃까지 올릴 거예요. 이렇게
　　30분 동안 배트를 데우면서 젓는 작업을 스칼딩이라고 해요."

스칼딩^{scalding}의 사전적 의미는 '델 것 같은, 델 정도로 뜨거운'이

•　　덴마크 다니스코(Danisco)사의 스타터를 사용했는데 영국의 많은 치즈 농가에서 이 스타터를 사용한다. 한국의 치즈 농가에서도 쓰인다.

다. 하지만 치즈 제조 과정에서 쓰이는 스칼딩은 우유를 끓기 전
까지 데우는 작업, 즉 우유의 온도를 올리는 작업을 말한다. 물컹
한 덩어리였던 커드는 나무 막대에 의해 계속 부서져 팝콘만 한
크기로 줄어들었고, 훼이가 빠져나가면서 단단해지고 무거워져
배트 바닥으로 가라앉았다. 둥둥 떠다니던 커드가 사라지고 노란
훼이만 가득한 배트는 흡사 물탱크처럼 보였다. 스칼딩 작업이 끝

나면 커드 조각들이 배트 바닥으로 완전히 가라앉게 30분간 휴지기를 갖는다. 물론 이 30분 동안 작업자들도 잠시 휴식한다.

1시간에 걸쳐 배수구를 열어 놓고 천천히 훼이를 빼내자 배트 바닥에 커드 조각들이 불규칙하게 쌓였다. 로드 아저씨는 퍼져 있는 커드를 손으로 쓸어 모으더니 배트 전체에 평평하고 골고루 놓이도록 다독거렸다. 커드 조각들은 따뜻한 열에 의해 서로 엉겨 붙어 다독거린 모양 그대로 커다란 블록으로 뭉쳐졌다. 체더링할 때 훼이를 빼낸 커드 조각들이 금세 엉겨 붙어 커다란 블록이 된 것과 같은 모습이었다. 로드 아저씨는 커드 나이프로 배트 한가운데 커드를 블록으로 잘라 들어 올렸다. 그러자 가운데에 생겨난 빈자리는 훼이가 빠져나가는 물길이 됐고, 들어 올린 블록은 손으로 잘게 부숴 양쪽 커드에 골고루 쌓았다. 이렇게 배트 양쪽으로 나뉜 커드를 철망으로 된 직사각형 도구로 눌러 남은 훼이를 더 빼냈다. 이 철망은 아주 촘촘해서 꾹꾹 누르면 커드는 삐져나오지 않고 훼이만 흘러나왔다. 이어 커드 나이프로 커드를 가로세로 20cm 블록으로 자른 뒤 하나씩 뒤집기 시작했다.

큰 덩어리로 뭉쳐 있던 커드를 작은 블록으로 잘라 뒤집으면 커드 속에 있던 훼이가 빠져나가는데, 랭커셔 농장에서 레이들로 커드를 조금씩 떠내며 훼이를 빼낸 것과 비슷한 원리였다. 배트 바닥에 깔려 한 덩어리로 뭉쳐 있던 커드는 16개 블록으로 나뉘었고,

이를 일일이 뒤집은 다음 다시 70여 개의 작은 블록으로 자른 뒤
또 한 번 뒤집었다. 이 작업이 거듭되자 커드는 어느새 300여 개
의 블록이 됐다.

잘리고 뒤집히기를 반복하면서 자연스레 훼이가 빠져 단단해진
이 커드 블록은 주먹 정도의 크기인데, 작은 칼을 이용해 과일을
깎듯 아주 얇게 잘랐다. 커다란 한 덩이의 블록이 손으로 자른 작
은 조각이 되기까지의 과정은 무척이나 섬세했고 커드는 치즈가

< 작은 핀을 일일이 용접해 제작한
이 기계는 1800년대 빅토리아
여왕 시대에 만들어져 빅토리안
치즈 밀(Victorian Cheese Mill)
이라고도 불린다. 100년이 넘었
지만 맞물려 돌아가는 톱니바퀴
의 어느 한 부분도 무르지 않았
을 만큼 여전히 견고했다.

되기 전부터 아주 조심스럽게 다뤄졌다. 1시간 반 동안이나 이어진 참으로 고요하고도 역동적인 작업이었다.

정적이 깨진 건 배트 위에 분쇄기를 얹으면서였다. 핀 밀pin mill이라 불리는 이 기계는 언뜻 보면 그 용도를 알 수 없는데, 그도 그럴 것이 40cm가량의 원기둥 몇 개에 1cm의 작은 핀이 다닥다닥붙어 있기 때문이다. 핀밀은 수동식 커드 분쇄기다. 기계 측면에붙어 있는 손잡이를 돌리면 이 핀들이 맞물려 돌아가면서 커드를갈아준다. 이제까지 본 커드 분쇄기와는 완전히 다른 생김새였다. 그런데 놀랍게도 이 수동식 커드 분쇄기의 제작자가 토머스 코벳이었다. 랭커셔 농장에 있던 수동식 치즈 압축기를 만든 사람, 바로 그였다. 100년도 넘은 기계를 돌려 가며 커드를 부지런히 부수고 나면 약 770g의 소금을 커드에 고루 섞는다. 그러고는 몰드에면보를 깔고 커드를 담았다.여기서는 플라스틱 몰드를 썼다.

몰드에 담긴 치즈는 마찬가지로 토머스 코벳이 만든 수동 치즈 압축기에서 24시간 압축된다. 그레이엄의 랭커셔 농장 압축기와 다른 점이 있다면 손잡이를 다 돌린 후에 쇠로 된 추를 달아 압력을배가한다는 것이다. 이렇게 하면 치즈에 가해지는 하중은 200kg에 달한다. 그렇게 많은 과정을 거쳐 커드 속의 훼이를 빼내었건만 압축기 아래에 놓인 몰드에서는 또다시 훼이가 주르륵 흘러나왔다.

이렇게 24시간 동안 압축하고 나면 몰드에서 커드를 빼내 반대로 뒤집어 다시 넣은 뒤, 20시간 동안 또 한 번 압축한다. 치즈 위아래를 고루 눌러 모양이 평평하게 잘 잡히고 훼이가 균일하게 빠져나가도록 하기 위해서다. 총 44시간의 압축 후에는 으레 영국 치즈만의 특징인 모슬린 씌우는 작업이 기다릴 줄 알았지만 몰드에서 빼낸 커드는 바로 숙성실로 들어갔다.

크림을 제거하지 않는 치즈, 더블 글로스터

스마트 데어리는 일주일에 두 번 치즈를 만든다. 화요일에는 더블 글로스터를, 목요일에는 싱글 글로스터를 만든다. 전기를 사용하지 않는 아주 작은 작업장에서 할 수 있는 작업량이 딱 그만큼이기 때문이다. 화요일 아침부터 더블 글로스터를 만들어 오후에 커드가 담긴 몰드를 압축기에 넣고 나면 목요일 아침까지는 압축기가 쉴 시간이 없다. 목요일 오전에 더블 글로스터가 숙성실로 옮겨지고 나서야 비로소 싱글 글로스터가 토요일 오전까지 압축기를 차지하게 된다. 더블 글로스터는 싱글 글로스터를 만드는 초기 과정과 비슷하지만, 스칼딩 작업 이후부터는 완전히 달라진다.

① 전날 저녁에 짠 우유와 아침에 짠 우유를 합쳐 600L를 배트에 채운다. 우유는 살균하지 않는다. 싱글 글로스터와 다른 점은 크림을 분리를 하

지 않는다는 것인데, 농장에 따라 이때 크림을 추가하는 곳도 있다.

② 우유를 서서히 데운다. 27℃가 되면 스타터를 넣는다.

③ 우유를 계속 데워 30℃가 되면 아나토 색소 60mL를 넣는다.

④ 스타터와 아나토가 잘 섞이도록 저어 주면서 우유 온도를 30℃로 유지한다. 20분 후 레닛을 넣어 우유를 응고시킨다.

⑤ 1시간 30분 후, 커드의 상태를 확인한 후 커드 나이프로 잘게 자른다. 커드를 다 자르고 나면 우유를 저어 주며 38℃까지 온도를 높인다. 스칼딩 작업이다.

⑥ 훼이를 빼낸 후 배트 바닥에 커드가 평평하게 쌓이도록 손으로 다독거린다.

그리고 스칼딩 작업 이후부터는 커드를 다루는 방식이 싱글 글로스터와는 완전히 달라진다.

⑦ 잘게 잘린 커드는 아직 남아 있는 온기약 37℃에 의해 서로 엉겨 붙어 있는데, 이를 가로 15cm, 세로 30cm 정도의 직사각 블록으로 자른 뒤 180° 뒤집는다. 블록을 더 작게, 더 작게 잘랐던 싱글 글로스터와는 다르게 더블 글로스터는 이 블록을 더 작게 자르지 않는다. 다만 블록을 뒤집고 2단으로 쌓아 올리는 작업을 20분 간격으로 3번 반복한다. 1시간 동안 이어지는 이 작업은 체더 치즈의 제조 과정인 체더링을 연상케 했지만, 체더링 작업에서처럼 커드가 넓게 늘어질 때까지 반복하지는 않았다.

1 2   로드 아저씨는 커드의 결을 따라 찢어지는 성질을 살려 뜯어내듯 작은 덩어리로 분리했다.
　　　얇게 뜯긴 커드를 분쇄기에 넣으면 아주 작은 팝콘처럼 배트 바닥에 부슬부슬 내리며 쌓였다.

3   작업 과정의 대부분은 허리를 깊숙이 숙인 채 배트 안에서 이뤄졌다. 고되어 보이던 작업이 나중엔 고귀해 보였다.
　　한편으로는 어느 과정 하나 허투루 지나가지 않는 치즈 장인들의 노력이 다음 세대에는 사라지지 않을까 걱정이 되기도 했다.

4   모든 작업이 끝나고 물청소까지 한 말끔한 작업장. 낡디 낡은 그러나 지금은 구하기도 어려운 치즈 압축기와
　　그런 치즈 압축기 안에서 똑똑 훼이 떨어뜨리는 소리를 내며 치즈가 만들어지고 있었다.

⑧ 블록의 표면을 살짝 잡아 길고 얇게 뜯어내어 분쇄기에 넣는다. 이렇게 뜯어내는 건 분쇄기_{싱글 글로스터를 만들 때와 같은 수동식 분쇄기}가 작기 때문인데, 닭 가슴살처럼 결을 따라 찢어지는 커드의 성질을 잘 살린 방법이었다.

⑨ 분쇄된 커드에 소금_{커드 4500g 기준 750g}을 섞은 뒤 면포를 깐 몰드에 담는다. 압축기에 넣어 24시간 동안 압축한 뒤, 몰드 안의 커드를 꺼내어 뒤집어 준다. 그리고 나서 24시간을 또 압축한다.

⑩ 압축이 끝난 더블 글로스터 역시 모슬린을 씌우지 않고 숙성실로 보내진다.

내가 스마트 데어리에 방문했을 때 작업장 옆에 새 건물이 세워져 있었다. 지붕에는 태양열 집열판이 설치되어 있고 숙성실도 함께 있어 기존 작업장에 비해 규모가 세 배는 될 만큼 넓었다. 더구나 페인트칠을 새로 한 토머스 코벳의 치즈 압축기가 몇 대나 대기하고 있어서 앞으로는 치즈도 더 많이 만들 수 있을 터였다. 기존의 건물은 어머니 때부터 사용하던 수십 년 된 곳이라 낮은 천장에 삐걱거리는 나무문 그리고 울퉁불퉁해진 돌바닥 때문에 깨끗하게 배수도 안 되었다.

그럼에도 나는 어쩐지 낡은 창문으로 햇볕이 가득 들어오는 오래된 작업장에 더 눈이 갔다. 로드 아저씨가 치즈를 만들며 사용하는 나무 도구들도 지금의 작업장에 더 어울렸고, 치즈 제조장의 운치랄까 그런 것들이 살아 있는 것 같았다. 그러나 내 걱정과 달리 공간만 바뀌었을 뿐 도구도 그대로, 전기를 사용하지 않는 기존 방법도 그대로 유지해 치즈를 만들 거라고 했다.

물로 씻어 내 판매하는 치즈: 유일무이한 치즈 청소법

치즈 제조 작업을 하지 않는 수요일. 이곳에서 20년 동안 일한 게리Gary가 치즈 숙성실에 들어가 곰팡이 덮인 치즈 스무 개를 들고 나오더니 난데없이 수돗가로 갔다. 그러고는 물을 콸콸 틀어 놓고 억센 솔로 치즈 표면을 박박 닦아 내는 게 아닌가!

치즈는 곰팡이를 피워 내며 발효를 하는데, 발효 과정 내내 농장에서는 치즈 표면의 곰팡이와 치즈 진드기를 마른 솔로 털어 내거나 진공청소기 혹은 에어건 등으로 제거한다. 나도 다른 치즈 농장에서 여러 차례 그 작업을 보기도 했다. 그러나 발효가 끝나고 숙성 중인 치즈를, 그것도 물에 닦아 내는 건 처음 본 광경이었다. 어찌나 당혹스럽던지 치즈가 아닌 내가 물을 뒤집어 쓴 기분이었다.

만든 지 3개월 된 글로스터 치즈는 시원하게 닦여 표면이 매끈할 만큼 깨끗해지기는 했는데 대신 숙성 과정 중에 생긴 표면의 균열이 두드러져 보였다. 물기가 마르면 균열 사이로 흡수된 수분도 함께 마르면서 균열이 더 깊어질 터였다. 가뜩이나 크기가 작은 치즈인데직경 23cm, 높이 8cm 균열이 깊어지고 많아질수록 표면이 건조해지고 치즈 껍질이 두꺼워져 결국 먹을 수 있는 부분은 줄어들 것이다.균열 사이로 물기가 닿지 않았던 부분까지 수분이 흡수될 것이고, 물기가 닿은 부분은 다시 건조되면서 되레 더 많은 수분을 빼앗겨 단단해진 부분이 더 많아질 거라 생각했다. 다음 날, 여전히 충격에 빠져 있는 나를 로드 아저씨가 다시 숙성실로 데려갔다. 그는 물로 씻어 낸 뒤 숙성실에 다시 놓인 치즈 단면을 보여 주었다. 뜻밖에도 치즈 껍질은 더 두꺼워지지 않았다. 애초에 균열이 있던 선까지가 딱 껍질 부분이었고, 균열이 깊어져 안쪽까지 치즈가 깨지는 현상도 없었다.

"숙성실 냉장고가 고장 나서 치즈 진드기가 심하게 번식한 적이 있었어요. 솔로 털고 진공청소기를 써서 흡입도 했는데 답이 나오지 않아 별수 없이 치즈를 물에 씻어 봤죠. 그런데 놀랍게도 치즈에 별 손상이 없었고 치즈 진드기도 많이 사라졌어요. 그 뒤로 우리는 치즈를 물에 씻어서 판매해요. 단, 판매 직전에 한 번만 세척하죠."

말수 적은 게리에게는 물어보지도 못하고 밤새 궁금증을 끌어안고 있던 내게 로드 아저씨의 설명은 꽉 막힌 체증을 밀어내듯 시원했다.

농장에 사흘을 머물렀지만 노환으로 병원에 입원한 다이애나 할

머니는 결국 뵙지 못했다. 우연한 전화 한 통으로 오게 된 스마트 데어리는 100년이 넘은 기계들이 여전히 빛을 발하는 전통의 치즈 제조를 고집하는 곳이었다. 여느 치즈 제조장들보다 작업자 수가 적은 데다가 최소한의 전기만 사용하는 작업 과정으로 고즈넉

함이 곧 농장의 모습이었다. 다이애나 할머니의 뒤를 이어 농장을 지키는 로드 아저씨도, 나와 나이가 비슷한 게리도 워낙 말수가 적어 전에 들렀던 농장들에서처럼 많은 대화를 나누지 못한 채 작업에 방해되지 않게 조용히 지켜보며 시간을 보냈다.

모든 촬영을 마치고 나서야 셋이 모여 마른 빵에 간단하게 차를 마시며 이야기를 나눴다. 그제야 로드 아저씨가 치즈 제조를 시작한 이유를 듣게 되었다. 아저씨는 처음부터 치즈 일을 한 것이 아니라 어머니와 함께 일을 시작했던 형이 급작스레 세상을 떠나면서 그 뒤를 이어받은 것이라 했다. 그리고 시간이 흘러 노환으로 어머니마저 농장 일에 손을 놓은 뒤로는 로드 아저씨가 농장을 책임지게 된 것이라고 했다. 그리고 게리는 다이애나 할머니 때부터 지금까지 좋은 동반자로 20년이나 농장과 함께하고 있었다. 오래된 농장의 오랜 제조 방식과 묵묵히 일을 해내는 두 치즈 제조자. 다이애나 스마트의 글로스터 치즈였다.

다이애나 스마트 글로스터 치즈 농장
Diana Smart Gloucester Cheese Old Ley Farm.
Mr Rod Smart, Old Ley Court, Chapel Lane, Birdwood, Churcham,
Gloucestershire.

클로티드 크림(clotted cream)

영국에서 가장 많이 들은 말은 '차 마실래요?'였다. 홍차는 찻물을 끓이는 소리, 컵에서 차를 우려내는 향기 그리고 여기에 우유를 섞으면 퍼지는 부드러운 향으로 공간을 금세 채워주었다. 이렇게 완성된 차가 내 앞에 오면 대화하기 전의 긴장된 마음도 함께 느슨해졌다. 그다음 노랗고 작은 빵 스콘과 딸기잼, 클로티드 크림이 함께 나오면 분위기는 이보다 더 달달할 수 없다. 이렇게 차와 함께 빵이 나오며 '오후의 차'로 불리는 애프터눈 티는 영국 문화 중 하나로 막상 접해 보니 그저 오후 세 시에서 네 시 즈음의 소박한 간식 시간이었다. 하지만 에프터눈 티에서 내가 가장 궁금했던 건 영국인들의 차 문화가 아닌 스콘과 함께 나오는 클로티드 크림이었다.

클로티드 크림은 영국 남서부 콘월 Cornwall 과 데번 지역에서 만들어지는데 크림을 오븐에 넣어 구운 것이다. 이름의 'Clot'은 '엉기다, 응고되다'라는 사전적 의미를 갖는데 오븐에 구워져 나온 크림이 엉겨 붙듯 굳어 있는 형태를 그대로 이름화한 것이다. 내가 처음 클로티드 크림을 봤을 때는 그저 하얗고 단단한 모양이었기에 영국식 크림치즈로 알았다. 하지만 질감은 크림치즈보다 부드러웠고, 맛은 크림치즈 특유의 신맛이 아닌 버터의 담백함에 가까웠다. 치즈도 아니고 버터도 아닌 이 크림의 정체를 정확히 알고 싶어 농장 몇 군데를 알아봤지

∧ 수풀이 가득한 오솔길로 연결된 로다스로 가는 길. 누구든 쉽게 찾아낼 수 있게
엄청 커다란 스콘에 딸기잼과 클로티드 크림을 얹은 사진이 햇살 아래 반짝이고 있었다.

만 대부분 문전박대였다. 도대체 무엇이기에 보여 줄 수 없는 비밀인지 싶어 더 궁금함이 증폭되었던 크림이다. 그러나 제조 과정을 본 건 작은 농장이 아닌 영국 최대 클로티드 크림 생산 업체인 로다스Rodda's에서였다.

클로티드 크림의 레시피는 현재까지도 추측일 뿐 정확한 유래는 없다. 단지 기록에 따르면 14세기 데번의 타비스톡 수도원Tavistock Abbey에서 만들었으며, 1658년의 완벽한 요리 책 《The Compleat Cook》에 클로티드 크림 레시피가 있다. 이 크림의 제조 이유는 오랜 보관을 하기 위해서였다고 전해지며 농장에서 짠 신선한 우유를 하룻밤 동안 넓은 그릇에 담아 두면 밤사이 우유 표면에 떠오른 크림을 걷어 내 열을 가해 익힌 것이다. 이것은 크림을 회전해 만드는 버터와는 또 다른 풍미를 가졌다.

영국 최대의 클로티드 크림 제조업체인 로다스는 1890년 영국 남서부 끝 콘월에서 제조를 시작했다. 엘리자 로다Eliza Rodda과 토마스 로다Thomas Rodda 부부가 자신들의 작은 농장에서 클로티드 크림 제조를 시작했으며 30년 뒤 1920년에 그들의 딸인 프란시스 로다Frances Rodda가 이 크림을 유리병에 담는 방법을 개발하면서 런던으로 배송을 시작했다. 유리병에 담긴 로다스의 크림은 생산량이 급격하게 늘었고 고작 열두 마리의 젖소에서 나오는 크림으로는 주문량을 따라갈 수 없어 마을에 우유를 구하러 다닐 만큼 사업이 번성했다. 이후 제2차 세계 대전 때 정부의 우유 사용 규제로 클로티드 크림 생산이 어려워졌지만 1970년대에 우편으로 크림 배송을 시작하면서 영국 전역에서 클로티드 크림을 즐길 수 있게 했다. 그리고 현재까지 5대째 클로티드 크림을 생산하고 있다.

로다스 측과 나는 세 번이나 통화한 후 만날 수 있었다. 첫 번째 전화를 했을 때 "우리는 농장이 아닌 대형 제조실이 있는 크리머리예요. 제조 과정은 보여 줄 수 있지만 촬영은 불가능합니다."였다. 나는 우선 촬영을 할 수 없음에 실망했고 다른 곳을 더 알아봐야 했다. 그리고 두 번째 전화를 걸었을 때에도 로다스의 답은 변하지 않았다. 마지막 세 번째 전화를 걸었을 때 나는 촬영을 포기하는 대신 제조 공정만이라도 보여 달라고 부탁했다. 그곳이 아니면 영국을 떠나기 전에 어디에서도 제조 과정을 볼 수 없을 것 같았다. 그리고 마침내 영국 서쪽 끝 콘월 해안가의 마을 스코리에 Scorrier의 로다스에 도착해 그간 통화했던 벨린다Belinda를 만났다. 이른 아침 8시부터 나를 위해 휴일을 반납하고 출근해 준 벨린다는 클로티드 크림의 제조 공장 라인부터 농장 설명 그리고 막 만들어져 나온 신선한 클로티드 크림 테이스팅까지 모든 것을 해 주었다.

로다스의 클로티드 크림 제조는 우유에서 추출한 신선한 크림을 작은 그릇에 담아 중탕으로 오븐에서 굽는 것이다. 크림을 담는 그릇은 둥글고 납작한 플라스틱으로 한 회 분량인 40g부터 집에서 즐길 수 있는 200g, 업체에서 사용할 수 있는 900g까지 다양하다. 생산량이 많은 만큼 오븐은 사람이 들어갈 수 있을 정도로 커서 수십 개의 크림을 한 번에 중탕으로 구울 수 있었다. 그러나 오븐의 문을 열어 내부를 보여 준 순간, 동화《헨젤과 그레텔》의 마녀 할머니가 불 속에 밀려 들어간 모습이 별안간 생각나서 그 거대한 오븐이 무서워 보였다.

클로티드 크림에서 가장 중요한 건 바스러지는 표면의 크러스트다. 지방 함량이 낮으면 이런 질감이 나오지 않는데 이 크림 속 지방 함유율은 55% 이상이다. 시중에서 구입하는 일반적인 크림의 지방 함유율은 약 35%로 농도가 다르다. 열에 의해 구워진 크림을 12시간 동안 냉각하는 과정을 거치면서 오븐 속에서 구워진 표면은 작은 기포를 유지하며 바삭해지고, 내부는 부드러운 크림을 유지한다. 덕분에 스푼으로 떠낼 때 바사삭 부서지며 아이스크림 같은 부드러움이 느껴진다.

콘월의 사람들은 클로티드를 '코니쉬 크림'이라고도 부르는데 데번의 클로티드 크림과 항상 견제를 한다. 그들은 서로의 클로티드가 더 우월하다고

∧ 클로티드 크림이 스콘의 제일 위에 있어야 진정한 콘월의 것이라고 했다. 하지만 나는 순서가 어찌 되었든 한 입 베어 물 때 스콘과 딸기잼, 클로티드 크림의 아름다운 조합에 깊은 찬사를 보내고 싶다.

출처: Rodda's

한다. 클로티드 크림을 먹는 방법 또한 두 지역이 다르다. 콘월은 스콘에 딸기잼을 바르고 클로티드를 올리는 반면 데번은 스콘에 클로티드 크림을 바르고 딸기잼을 올린다. 클로티드 크림이 먼저 입술에 닿든, 딸기잼이 먼저 입술에 닿든 먹는 입장에서는 그게 뭐 그리 중요할까 싶지만 오랜 자존심의 쟁점이라고 했다. 결론은 두 지역 모두 영국 최고의 클로티드 크림을 갖고 있다.

· 크림치즈와 클로티드 크림

크림치즈는 크림만 온전히 사용하거나 크림과 우유를 1:1 비율로 넣은 후 여기에 산acid을 넣어 응고시킨 후 커드를 건져 내어 만든다. 일반 치즈와 달리 크림치즈는 발효 과정이 없다. 클로티드 크림은 우유에서 추출한 크림을 열에 구워 제조한다. 클로티드 크림을 크림치즈로 오해하기도 하는데 그저 크림을 구웠을 뿐이기에 치즈라 할 수 없다.

체더의 슈퍼스타 치즈
'몽고메리'

"이상하게 생각하겠지만
당신이 나에겐 톱스타입니다"

— 남서부 서머싯주 체더 치즈

몽고메리Montgomery는 영국에 도착해서 가장 처음 접한 체더 치즈다. 코벤트 가든의 닐스 야드 데어리 진열장 맨 앞에 고목을 잘라 놓은 모양의 치즈가 있었는데, 그 치즈에 몽고메리 라벨이 붙어 있었다. 그 옆으로 퀵스, 킨스 라벨이 붙은 치즈가 나란히 진열되어 있었다. 체더 치즈를 만드는 농장이 여러 곳이기에 제조자 이름을 치즈에 붙여 구분하는 것이었다. 처음에는 라벨이 치즈의 이름인지, 제조자의 이름인지 아니면 또 다른 의미가 있는지 알 수 없어 점원에게 물어본 뒤에야 제조자의 이름임을 알게 되었다. 영국을 대표하는 체더 치즈는 오랜 시간 동안 농장마다 적어도 40년이 넘는 시간 동안 치즈를 제조하고 판매했기에 사람들은 고유 이름인 '체더'보다 제조자의 이름으로 부르게 되었다. 때문에 치즈 가게에서 퀵스, 킨스, 몽고메리만 말해도 알아서 체더를 골라줄 정도가 된 것이다.

몽고메리 체더의 역사는 지금의 농장주 제이미 몽고메리Jamie Mont-gomery의 외조부가 1911년 농장을 구입한 때부터 시작된다. 처음부터 치즈 제조를 했지만 제2차 세계 대전을 겪는 동안 정부의 우유 사용 제재에 의해 치즈 제조가 어려워졌다. 전쟁이 끝난 후에는 제이미의 어머니인 엘리자베스 몽고메리Elizabeth Montgomery가 아버지로부터 농장을 이어받았지만, 1960년대 슈퍼마켓이 세워지기 시작하면서 비살균 우유로 만든 치즈는 심각한 타격을 입었다.냉장 유통 체계가 갖추어지지 않았던 당시, 비살균 우유로 만든 몽고메리 체더를 영국 전역의 슈퍼마켓에 유통하기는 어려웠을 거라 추측된다. 그리고 지금 제이미까지 3대에 걸쳐 100년이 넘는 시간 동안 전쟁, 우유 사용 규제와 유통 구조 변화를 견뎌내며 비살균 체더 치즈를 만들고 있는 것이다.

남부의 퀵스 데어리에 머물던 때, 나는 메리에게 몽고메리 체더 치즈에 대해 물은 적이 있다.

> "몽고메리 체더는 영국에서 알아주는 전통 있는 치즈예요. 살균 우유를 쓰는 우리와는 달리 그곳은 비살균 우유를 쓰죠. 제이미는 오랫동안 치즈를 만들어 왔기 때문에 문제가 생기면 상의하기 좋은 사람이에요. 치즈 제조에 열정이 가득할 뿐만 아니라 성품도 좋아서 치즈 메이커들 사이에서 유명하죠."

제이미를 소개하는 메리의 말 속에는 같은 체더 치즈를 만드는 경쟁자가 아닌 오랜 친구를 대하는 듯한 존중이 녹아 있었다.

우리의 치즈는 이렇게 시작됩니다

메리가 말한 대로 제이미 몽고메리는 영국에서 손꼽히는 치즈 메이커다. BBC 방송은 물론 체더 치즈를 다루는 책마다 빠짐없이 등장할 정도다. 몽고메리 농장에 찾아가던 날, 그가 수많은 방문객에 지쳐 무미건조한 만남이 되지 않을까 걱정스러웠다. 농장 입구에 다다르자 날 기다리고 있던 제이미는 왔느냐는 단조로운 인사를 건네고는 치즈가 쌓여 있는 창고부터 들어가자고 했다. 그곳에는 판매가 완료된 듯한 체더 치즈가 목재 화물 운반대에 층층이 쌓인 채 커다란 비닐에 감겨 있었다. 그는 팔로 턱을 괴더니 무거운 어조로 이야기를 시작했다.

"작년에 우리는 총 생산량의 8% 정도를 폐기했어요. 치즈 상태가 좋지 않았죠.● 품질이 낮은 치즈를 파느니 손실을 보는 게 낫

●　　치즈 상태가 좋지 않다는 판단에는 여러 기준이 있다. 발효 중 잡균이 들어간 경우, 발효실의 환경이 치즈에 맞춰지지 않아 부패된 경우, 초기 제조 과정에서 커드를 제대로 생성시키지 못해 발효가 잘못된 경우 등을 예로 들 수 있다. 이 외에도 치즈의 산성도, 지방의 함유도 등의 이유로 제조자가 볼 때 만족스런 발효가 이루어지지 못했다면 품질이 낮은 치즈로 분류된다. 자연 발효로 만들어지는 치즈는 숙성이 완전히 끝날 때까지 그 품질을 알 수 없다. 발효에서 숙성까지 잘 버텨 내는 치즈가 치즈 메이커들에게 자식같이 느껴지는 이유다.

다고 생각했어요."

몽고메리 농장의 연간 치즈 생산량은 120t. 그중 8%면 9t가량인데 한 달여 동안 만든 치즈를 전부 폐기한 것이나 다름없다. 그건 경영자로서도 엄청난 손실이지만 치즈 제조자로서도 마음 아픈 일이다. 직접 키우는 소에게서 매일 우유를 짜고, 여러 단계의 수작업을 거쳐 수개월간 숙성시켜야 비로소 완성되는 것이 치즈다. 이번 해에 판매하는 대부분의 치즈는 작년에 만들어서 올해까지 숙성한 것이다. 그렇기에 제이미는 올해 판매되는 치즈를 바라보며 마음이 무거웠던 것이다. 그의 목소리에는 잃어버린 체더 치즈에 대한 안타까움이 그대로 묻어 있었다.

창고를 나와 젖소가 있는 축사로 향하자 넓은 대지에 높다랗게 쌓인 풀 더미가 보였다. 제이미는 그 앞에 멈춰 서더니 풀을 한 움큼 집어 자세하게 보여 주었다.

"이게 소 먹이예요. 옥수수죠. 소 먹이가 곧 우유의 품질이고, 치즈의 품질이에요. 우리는 외부에서 가공된 사료는 사용하지 않아요. 농장에서 거둬들인 자연적 산물만 먹이죠. 겨울에 소는 추우면 몸을 보호하느라 에너지를 많이 사용하기에 우유 생산량이 줄어들어요. 그래서 11월부터는 축사로 들여보내죠. 축사를 따뜻하게 하고 충분한 먹이를 제공하면 겨울에 오히려 우유 생산량이 늘어요."

이어 제이미는 계절마다 먹이를 조금씩 바꾼다고 말했다. 어떤 먹이를 주느냐에 따라 우유 속 지방과 단백질 비율에 영향을 주기 때문이다. 우유의 지방 함량 범위는 3.9~4.5%인데, 3.9%는 너무 낮고 4.2%부터는 높은 편에 속한다. 지방 함량이 높으면 우유에서 크림이 많이 분리되어 농장의 수익으로 연결되지만, 한편으로는 이렇게 지방 함량이 높은 우유로 치즈를 만들면 수분이 많아져 질감이 너무 부드러워진다고 했다. 반대로 지방 함량이 낮으면 치즈가 건조해진다. 이 균형에 영향을 주는 성분이 바로 커드를 단단하게 응고시켜 주는 단백질이다. 단백질 함량이 높은 우유로는 더 많은 양의 치즈를 만들 수 있지만, 지방 함량과 비율이 맞지 않으면 치즈의 질감은 물론 맛의 균형이 깨진다. 때문에 수익을 위해 단백질 함량을 무작정 높일 수는 없다.

요컨대 치즈 제조의 근본은 젖소라는 이야기다. 때문에 치즈 제조자들이 고된 목축을 함께 하는 것이다. 그들은 새벽부터 일어나 소에게 먹이를 주고, 아침에는 우유를 짜고, 오전 내내 치즈를 만든다. 이제까지 방문했던 농장들이 내게 치즈가 아니라 젖소를 먼저 보여 줬던 이유가 여기에 있었다. '우리는 소를 이렇게 키워요' 라는 말에는 '우리의 치즈는 이렇게 시작됩니다'라는 뜻이 담겨 있던 것이다.

비살균 우유로 만든 체더 치즈

퀵스 데어리에서 이미 체더 치즈 제조 과정을 봤는데도 굳이 몽고메리 데어리에서 다시 보려 한 까닭은 몽고메리 체더가 너무도 유명한 체더 치즈이기 때문이었다. 하지만 한편으로는 비살균 우유로 치즈를 만들면 무엇이 어떻게 달라지는지 알고 싶었다. 크롭웰 비숍에서도 두 가지 우유오가닉, 비오가닉를 쓰기는 했지만, 우유가 다르다고 해서 치즈 만드는 과정이 크게 달라지지는 않았다. 스타터를 달리 쓰거나 레닛을 넣은 후 응고 시간을 달리하는 등 세밀한 차이가 있었지만 기본적인 과정은 동일했다. 체더의 비살균 우유 사용은 어떨지 그리고 살균 우유로 치즈를 만드는 것과 어떤 차이가 있을지 궁금했다.

이틀 동안 몽고메리 체더의 제조 과정을 지켜봤다. 결론부터 말하면 제조 과정에서 크게 다른 건 없었다. 비슷한 온도에서 레닛을 넣어 응고시키고, 응고된 커드는 끝나지 않을 듯한 체더링을 거쳤다. 심지어 치즈 메이커들이 하는 말도 비슷했다.

  "체더링의 끝은 '됐다' 싶을 때까지 커드를 뒤집는 거예요."

몽고메리 데어리에 다소 특이한 점이 있었다면 매일 다른 종류의 스타터를 사용한다는 것이었다. 같은 스타터를 사용하면 치즈에

∧ 작은 체더로 불리는 트러클은 2kg 무게에 12개월 숙성으로 전통 체더 그대로 만들어진다.

커드 사이로 훼이가 빠지는 길을 만들어 낸 후
곧이어 진행될 체더링에 앞서
작업자들이 잠시 숨을 돌리고 있다.

내성이 생긴다는 이유에서였다. 그것 말고도 다른 점은 또 있었다. 체더링이 끝난 후 대형 선풍기로 커드의 온도를 낮췄던 퀵스와 달리, 이곳에서는 팔로 커드를 직접 뒤집어 가며 온도를 낮췄다.

두 농장의 체더 치즈는 젖소에게 주는 먹이 성분이 달랐고, 매일 치즈를 만드는 제조자의 손끝이 달랐고, 무엇보다 100년이 넘도록 한 자리에서 농장을 운영해 온 만큼 각자의 전통이 달랐다. 퀵스의 치즈 메이커 앤드루Andrew는 23년간 체더를 만들어 왔고, 몽고메리의 치즈 메이커 스티브Steve는 20년간 체더를 만들어 왔다. 찾아내기 힘든 작은 차이들이 그들만의 체더 치즈를 빚어낸 것이다.

치즈 진드기와의 끝없는 전쟁

그들은 젖산을 즐기며 인생을 보낸다. 치즈 껍질 속으로 깊이 파고들어 터널을 만들고 천천히 그러나 매우 정확하게 건조하고 잘 숙성된 치즈만을 먹어 갈색 먼지를 만들어 낸다. 틈과 균열, 곰팡이를 만들어 치즈 판매 수익을 날려버린다. (…) 프랑스 사람들은 이들을 '아티장'(artisan, 장인)이라고 불렀다. 이 장인들은 최고의 그리고 오래 숙성된 치즈만을 골라 식사하는데, 문제는 치즈 숙성실이 그들이 번식하기 좋은 높은 습도와

따뜻한 온도(15℃)를 갖추고 있다는 사실이다.

〈영광스런 치즈 진드기〉 중에서•

대부분 농장들의 치즈 숙성실은 그곳에서 하는 일이 많지 않아서인지 어둡고 습한 공기로 채워진 고즈넉한 곳이다. 제조장에서는 작업 과정을 지켜보며 수시로 질문하고 답변을 들을 수 있지만, 사람이 뜸한 숙성실에서는 시간이 흐름에 따라 곰팡이가 번지는 모습이나 껍질 색깔이 변하는 모습을 나 혼자 찬찬히 살펴보는 것으로 만족해야 할 때가 많았다.

몽고메리의 숙성실 또한 수천 개의 체더가 저장된 거대한 공간이었지만, 어둡고 습한 건 다를 바 없었다. 몇 명의 작업자가 출고할 치즈를 선별하는 일을 하고 있었는데 전날 런던의 닐스 야드 직원들이 치즈를 구입하러 이곳에 들렀기 때문이었다. 작업자들은 치즈를 뒤집어 바닥에 닿았던 아랫면 상태를 살피거나 전체적인 외형을 검토했다. 제이미는 그중 한 명에게 나를 안내해 주라고 부탁했는데, 그는 숙성 창고에서 5년 넘게 일한 빌리^{Billy}였다.

나는 빌리가 하는 작업을 찬찬히 살폈다. 그는 치즈를 뒤집은 다

•   코트야드 데어리(The Courtyard Dairy)라는 영국의 치즈 가게에서 운영하는 블로그에 올라온 내용 중 일부다.

음 옆으로 조금 옮겨 놓았는데, 원래 치즈가 있던 자리에는 작은 먼지들이 뭉쳐 있었다. 치즈 표면의 곰팡이에서 떨어져 나온 듯한 그 먼지를 내가 만지자 빌리는 그게 바로 '치즈 진드기'라고 말했다.

> "이렇게 치즈를 들어서 2cm만 옆으로 옮겨 보면 선반에 하얀 자국이 남아 있어요. 이게 치즈 진드기의 흔적이에요. 너무 작아서 눈으로는 잘 안 보이지만 치즈에 서식하는 벌레죠. 치즈 주변에 먼지 뭉치를 만들어 내며 표식을 남겨요. 본인들이 만든 먼지 뭉치 속에 치즈 진드기가 섞여 있기도 하고요."

그간 숙성실에서 치즈 주변에 쌓여 있는 먼지를 볼 때면 치즈로부터 떨어져 나온 곰팡이가 뭉쳐진 것이라고 생각했다. 그도 그럴 것이 그동안의 농장들에서 치즈 겉면에 생겨나는 곰팡이를 솔로 쓸어 내거나, 에어건 바람으로 날려 보내거나, 진공청소기로 흡입하는 장면을 몇 차례 봤기 때문이다. 치즈 진드기가 남긴 흔적은 곰팡이와 너무나도 유사해 보였다. 움직임이 눈에 보이지 않아 벌레라고는 생각도 못 한 내게 빌리는 보여 줄 것이 있다며 손가락으로 치즈 겉면과 선반의 먼지를 살짝 긁어냈다. 그러고는 숙성실 한쪽에 현미경이 있는 책상으로 갔다.

> "우리는 현미경으로 치즈 진드기를 관찰해요. 치즈 숙성에 큰

∧　치즈는 겉면을 살짝만 쓸어 내려도 먼지를 흘렸다.
그저 곰팡이 가루라고 생각했던 이 속에는 치즈를 갉아먹는 수없이 많은 진드기가 모여 있었다.

영향을 미치거든요. 방금 긁어낸 먼지 속에 뭐가 있는지 들여다
봐요."

현미경에 눈을 댄 나는 0.1초 만에 으악 하고 소리를 지르다 발을
헛디뎌 나뒹굴 뻔했다. 렌즈 너머에 다리가 여럿 달린 투명한 벌

레 수십 마리가 버둥거리고 있었다. 그동안 내가 수없이 만져 온 치즈에 이런 벌레들이 있었다니. 작업자들은 창백해진 내게 치즈 진드기를 처음 보면 다 그렇다고 말하면서 웃느라 난리였다. 그 이후 치즈가 다시, 아주 다시 보이기 시작한 건 당연한 일이었다.

치즈 진드기란 치즈에 기생하는 진드기 벌레다. 빌리의 말대로 크기가 아주 작아 육안으로는 관찰하기 어려웠다. 치즈가 발효된 지 3개월 후부터 후버링 작업을 하는데, 그즈음부터 치즈에 먼지처럼 쌓인 치즈 진드기가 활성화되기 때문이다.

발효 초기, 곰팡이가 피어 있는 축축한 치즈 외피는 발효 3개월째부터 건조해지는데 진드기들은 이 건조한 외피를 무척 좋아한다. 치즈 진드기가 생기는 시점은 이렇게 치즈 표면에 변화가 일어날 때부터다. 보통 치즈 하단의 1인치 지점에서부터 색 변화가 시작된다. 바닥에 닿는 치즈 아랫면은 습기와 곰팡이로 인해 얼룩덜룩 하얗고 위로 올라갈수록 건조되면서 발효 치즈만의 짙은 갈색을 낸다. 치즈 속 수분은 당연히 중력에 의해 바닥면에 몰리게 되는데, 때문에 위로 올라갈수록 건조해져 치즈 진드기가 최소 1인치 윗부분부터 생기는 것이다.

간혹 치즈 진드기가 윗면에서 아래 방향으로 번식하기도 하는데, 그건 치즈 보관 장소의 특성 때문이다. 몇 개의 층으로 켜켜이 쌓여 있는 숙성실의 구조 때문에 윗 선반의 치즈에서 떨어진 진드기가 아랫 선반의 치즈로 떨어져 윗면에서부터 번식을 시작하는 것이다. 치즈 진드기가 번식하고 있음을 확인할 수 있는 또 하나의 표식은 바로 치즈 주변에 쌓이는 먼지다. 치즈를 옆으로 2cm 옮겨 선반 표면을 살짝 긁어 보기만 해도 손가락에 먼지가 묻어 나오는데, 이것이 바로 치즈 진드기와 그들이 치즈를 갉아먹으며 생성한 분비물이다.

치즈 진드기를 치즈로부터 완전하게 제거할 수 있는 방법은 아직까지 개발되지 못했고, 치즈 농장들은 여전히 치즈 진드기와의 전쟁을 벌이고 있다. 체더 농장들이 한동안 1년에 2회씩 훈증 살균을 한 적이 있었다. 메틸 브로마이드Methyl Bromide라는 성분으로 훈증하는 이 살균법은 얼마 뒤 맹독성 농약이라는 판명에 유럽 연합의 제재로 금지되었다. 이 방법을 사용하지 못하자 치즈 진드기를 방어하지 못해 치즈 생산량이 줄어들었고, 한동안 시장에서 숙성 체더 치즈 품귀 현상이 일어났다. 퀵스 데어리는 치즈 진드기로 인해 연간 25만 파운드의 손해를 입어 강한 바람으로 치즈 표면의 진드기를 불어 날리는 에어건 기계를 개발했을 정도다. 프랑스의 콩테 치즈 농장에서는 숙성실의 온도를 8℃로 낮춰 진드기를 감소시켰지만 치즈 발효에 필요한 효소 박테리아의 활동도 약화시켜 풍미도 그만큼 떨어지는 역효과를 불렀다. 이에 반해 프랑스의 몽스Mons•라는 곳은 치즈의 풍미를 위해 진드기로 인한 손해를 받아들이기로 했다고 한다.

숙성실에 치즈 진드기가 많이 서식하면 그만큼 더 빨리 더 깊이 치즈에 구멍이 생기고, 결국 치즈 속까지 곰팡이가 번져 치즈를 망치게 된다. 지구에는 약 5만 종류 이상의 진드기가 존재하고 이를 막을 방법은 없으니, 농가들은 부지런히 그들을 치즈로부터 떨어내는 것이 유일한 대책이다.**

후버링 작업

몽고메리 체더는 두 겹의 모슬린과 한 겹의 라드로 총 세 개의 층으로 싸여 있다. 치즈 진드기가 알에서 성충이 되기까지는 약 2주가 걸린다. 그 사이에 진드기가 치즈 표면의 라드를 먹게 하는 것이다. 따라서 치즈 진드기가 라드를 먹고 나서 치즈에 침투하지 않도록 매 2주마다 후버링을 해야 한다. 후버링 후에 곰팡이가 다시 치즈 겉면에 자람으로써 보호막이 형성되는 셈인데, 이 곰팡이를 먹느라 치즈 진드기가 침투하는 시간이 늦춰진다. 때문에 후버링 후에 곰팡이가 생기는 것은 치즈 진드기의 침투를 늦출 수 있는 가장 좋은 방어막이다. 이런 이유로 체더는 숙성이 완성되어 판매될 때까지 매 2주마다 후버링 작업 뒤 치즈를 뒤집어 주며 관리한다.

손해를 감수하는 자존심

숙성된 체더 치즈의 외형을 보면 치즈 진드기 침투 여부를 어느 정도 짐작할 수 있다. 바로 치즈 겉면을 싸고 있는 모슬린을 벗겨

냈을 때 손상된 치즈 표면에 모래가 뭉친 거친 땅바닥처럼 작은 구멍들이 무수히 많을 때다. 치즈의 거친 표면 쪽만 부분적으로 손상된 것이면 다행이지만, 많은 경우 진드기가 치즈 깊숙이 파고 들어 중간 부분까지 작은 굴을 만들어 놓기도 한다. 큰 치즈를 진 드기 손상이 있다고 해서 모두 버릴 수는 없고 손상된 부분만 제 거하고 치즈를 조각으로 잘라 판매하기도 한다. 진드기가 먹었다면 그만큼 잘 익는 맛있는 치즈라는 뜻이기도 하다.

몽고메리 데어리에도 진드기에 손상된 치즈들이 있었다. 제이미 는 숙성실 한편으로 나를 불러 손상된 체더 치즈를 보여 주었는 데, 모슬린을 벗겨 내지 않은 상태였는데도 그는 이미 치즈가 손 상됐음을 파악하고 있었다. 그중 하나를 골라 단단히 붙어 있는 모슬린을 뜯어내자 화성 표면처럼 울퉁불퉁한 치즈가 드러났다.

치즈가 어느 깊이만큼 손상되었는지는 알 수 없었기에 제이미는 치즈 와이어•••를 이용해 전체를 절반으로 잘랐다가 4분의 1, 다

- • 1964년부터 프랑스 중동부 로안(Roanne)에서 치즈 가게를 시작해 현재 130곳의 농가와 계약을 맺고 5개 지역에서 치즈 가게를 운영하며 숙성 및 판매하는 업체.
- •• 영국 코트야드 데어리 홈페이지(THE COURTYARD DAIRY.CO.UK), 미국 미생물 학회 홈페이지(American Society For Microbiology www.asm.org) 자료 참고.
- ••• 철사 줄 양 끝에 손잡이가 있어 큰 치즈를 자를 때 마찰 없이 치즈를 통과할 수 있다. 수분이 많은 블루 치즈나 브리, 카망베르 같이 말랑한 치즈에도 와이어를 사용하면 달라붙지 않고 말끔하게 잘린다.

화성의 표면처럼 울퉁불퉁한 체더의 외피에는
구멍만큼이나 진드기 먼지가 가득이었다.
여기에 더해 잘 익은 치즈의 중심부까지 파고 들어가는
집요함으로 치즈 한 통을 엉망으로 만들어 놓았다.

시 16분의 1로 잘라 냈다. 처음 자른 치즈는 윗부분의 표면 근처만 조금 손상된 정도였지만, 두 번째 치즈를 반으로 가르자 치즈 진드기가 만들어 놓은 작은 굴이 보였다. 치즈 진드기가 잘 익은 체더 치즈 하나를 통째로 망쳐버렸다. 아무리 손상된 부분을 잘라 조각으로 판매한들 제값을 받을 리가 없었다. 눈에 보이지도 않는 이 작은 벌레들 때문에 한 해에 수천만 원쯤이 우습게 날아가는 것이었다.

제이미의 농장에는 사흘간 머물렀다. 떠난다는 인사를 하는 내게 그는 함께 점심을 먹자고 했다. 농장에서 멀지 않은 곳에 있는 그의 집에 도착해 삐거덕거리는 나무문을 밀고 들어가자 커다란 개가 먼저 나와 반겼다. 제이미의 아내는 널따란 식탁에 이제 막 만든 따뜻한 음식을 내어 주셨다. 두 시간 동안 점심을 함께 하면서 나는 그에게 이제까지 적어 둔 체더 치즈와 관련된 질문을 하거나 체더 치즈 제조 과정과 비슷한 남프랑스의 살레 치즈 이야기 등을 나눴다.

그가 말해 주는 영국 치즈 역사나 치즈 농가 이야기를 들으면서 지난 넉 달간 찾아다녔던 나의 치즈들을 되짚어 봤다. 겨우 이 여정만으로 영국 치즈를 다 알 수는 없겠지만, 언젠가 다시 오게 되면 좋은 발판이 될 경험일 것이다. 이제는 정말 영국에 머물 시간이 채 며칠 남지 않았다. 제이미에게 작별 인사를 하고 돌아서는

데 그가 밟고 서 있는 땅의 모습이 벌써부터 그리웠다. 농가의 수수함, 그들의 평범함 그리고 가까이 다가서서 보지 않으면 알 수 없었을 이들의 집요한 노력. 나는 햇살 좋은 마당에서 제이미의 배웅을 받으며 몽고메리 농장을 떠났다.

제이미 몽고메리 농장
J.A. & E. Montgomery Ltd.
Manor Farm, North Cadbury, Yeovil, Somerset.

제이미 몽고메리의 12개월 숙성된 체더 치즈.
전쟁으로부터, 대형 슈퍼마켓들로부터 그리고 치즈 진드기의 공격까지
살아남지 못할 많은 일들로부터 모두 견뎌 낸 기특한 치즈다.

MONTGOMERY'S
UNPASTEURISED
FARMHOUSE CHEDDAR

에필로그

지난밤 내내 폭우와 강풍이 휘몰아쳤다. 비는 자동차가 떠내려 갈 듯 쏟아졌고 바람은 자동차를 넘길 듯 흔들어 댔다. 무서움에 온 몸을 웅크린 채 새벽까지 잠을 설쳐 아침에 눈을 뜨자마자 주위를 살폈다. 바뀐 것 없이 모든 물건이 그대로였다. 다행이다. 최소한 나는 살아 있었다. 차 문을 열고 밖으로 나오니 햇볕이 너무 맑아 눈이 부셨고 캠핑장도 어디 하나 파손된 곳 없이 어제와 같은 모습이었다. 꿈이었나 아니면 이 지역만의 이상 현상이었나 싶어 BBC뉴스를 검색했다. 메인 기사는 '영국 전역에 허리케인으로 인한 강한 바람이 불어 가로수가 뽑혀 차량을 덮침은 물론 실종자와 사망자가 나왔으며, 특히 높은 해일로 남부 해안가가 큰 피해를 입었다'는 내용이었다. 밤새 영국 전역이 난리였다.

내가 머물고 있던 곳은 영국 남부 뉴헤이븐 근처의 캠핑장이었다. 프랑스행 페리를 타기 위해 영국에서의 마지막을 보내려 들른 곳이건만 하필 자연재해가 가장 심한 해안가에 머문 것이다. 전날 저녁에 만났던 캠핑장 사람들이 간밤에 잘 잤는지 안부가 궁금했지만 내 작은 자동차보다 그들의 커다란 캠핑카가 더 안전했을 터였다. 선선한 아침 공기를 맡으며 슬슬 잔디밭 위를 걸었다. 마지막 날이기에 그간의 운치 있는 밤을 보내려 했지만 끝까지 예측할 수 없는 일정에 헛웃음이 났다. 많은 비로 땅 곳곳이 파여 신발이 젖어 버리긴 했지만 그래, 잘 버티고 맞이한 아침이 그저 고마웠다.

나의 세 번째 여행은 이렇게 마무리됐다. 돌이켜 보면 지난 시간 동안 치즈는 참 쉽지 않았다. 낯선 나라를 찾아가 낯선 언어를 사용하며 시골 농가의 문을 두드리는 긴장된 일이 반복되어야 겨우 볼 수 있었다. 그건 첫 여행이었던 2006년에도 그리고 그간 경험이 쌓인 2013년에도 매번 같았다. 이쯤 했으면 좀 수월해져야 하는 거 아닌가 싶었지만 그건 내 마음일 뿐 치즈는 한 번도 호락호락하지 않았다. 그런 치즈가 뭐가 좋아서 긴 시간 동안 쫓아다녔는지 설명할 수는 없다. 그저 치즈가 궁금했고 먼 나라 어딘가에 숨어 있을 치즈가 보고 싶었다. 언젠가 또 기회가 온다면 나는 또 차곡차곡 짐을 챙겨 떠날 준비를 하겠다. 돌아올 때 한가득 담아 올 쾌쾌한 치즈 향을 기대하며 말이다. 생각만으로도 참 나를 행복하게 해 주는 치즈다.

2013년의 여행기인 이 원고는 긴 시간 동안 몇 차례의 출판 작업 불발로 세상에 나올 기회를 잡지 못했다. 한 번도 손에서 놓지 않았던 원고가 사라질까 브런치에 연재를 시작한 지 일 년 만에 유나영 편집자의 메일을 받았던 날을 잊을 수가 없다. 그리고 추운 겨울 폭풍 같은 바람을 뚫고 파주에서 만났던 날 출판 계약이 바로 이뤄졌다. 두 계절이 지나는 동안 꼼꼼하게 원고를 챙겨 세상의 빛을 볼 수 있게 해 준 편집자에게 깊은 감사를 표한다.

원고를 끝까지 마무리할 수 있게 힘이 되어 준 남편에게, 나의 사랑하는 아이들에게 그리고 항상 나를 응원해 주었던 큰언니 소희에게 이 책을 선물한다. 나는 또 언젠가의 치즈 여행을 꿈꿔 본다.

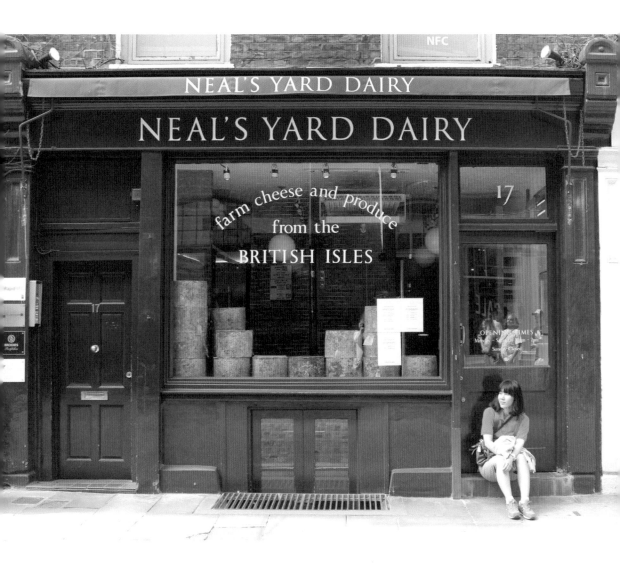

치즈가 좋아서 떠난 영국 치즈 여행기

cheese 치즈

초판인쇄 2023년 12월 11일
초판발행 2023년 12월 11일

글 이민희
발행인 채종준

출판총괄 박능원
책임편집 유나영
디자인 김예리
마케팅 안영은
전자책 정담자리
국제업무 채보라

브랜드 크루
주소 경기도 파주시 회동길 230(문발동)
투고문의 ksibook13@kstudy.com

발행처 한국학술정보(주)
출판신고 2003년 9월 25일 제406-2003-000012호
인쇄 북토리

ISBN 979-11-6983-788-0 03980

크루는 한국학술정보(주)의 자기계발, 취미, 예술 등 실용도서 출판 브랜드입니다.
크고 넓은 세상의 이로운 정보를 모아 독자와 나눈다는 의미를 담았습니다.
오늘보다 내일 한 발짝 더 나아갈 수 있도록, 삶의 원동력이 되는 책을 만들고자 합니다.